家常菜秘诀
一学就会

生活新实用编辑部　编著

江苏凤凰科学技术出版社·南京

图书在版编目（CIP）数据

家常菜秘诀一学就会 / 生活新实用编辑部编著. —
南京 : 江苏凤凰科学技术出版社, 2024.2
（含章. 食在好健康系列）
ISBN 978-7-5713-3733-9

Ⅰ.①家…　Ⅱ.①生…　Ⅲ.①家常菜肴 – 菜谱　Ⅳ.
①TS972.127

中国国家版本馆CIP数据核字（2023）第162333号

含章·食在好健康系列

家常菜秘诀一学就会

编　　　著	生活新实用编辑部
责 任 编 辑	洪　勇
责 任 校 对	仲　敏
责 任 监 制	方　晨

出 版 发 行	江苏凤凰科学技术出版社
出版社地址	南京市湖南路 1 号 A 楼，邮编：210009
出版社网址	http://www.pspress.cn
印　　　刷	天津丰富彩艺印刷有限公司

开　　　本	718 mm × 1 000 mm　1/16
印　　　张	13.5
插　　　页	4
字　　　数	252 000
版　　　次	2024年2月第1版
印　　　次	2024年2月第1次印刷

| 标 准 书 号 | ISBN 978-7-5713-3733-9 |
| 定　　　价 | 56.00元 |

图书如有印装质量问题，可随时向我社印务部调换。

目　录

第一章　**海鲜类**

第三章 鸡肉类

第四章 牛、羊肉类

第五章 **蔬菜类**

第六章　豆、蛋类

第七章　米面类

附录

*备注：
1杯（固体）≈250克　1杯（液体）≈250毫升
1大匙（固体）≈15克　1大匙（液体）≈15毫升
1小匙（固体）≈5克　1小匙（液体）≈5毫升

第一章 海鲜类

[常见可食用蟹类]

旭蟹

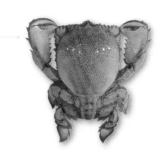

　　蟹肉味道与一般螃蟹无异，但蟹黄特别香，一般来说，母蟹的肉质比公蟹好。挑旭蟹时，要注意蟹身是否肥重、饱满，而非体形较大就好。旭蟹的盛产期在春天，注意烹煮前不要冷藏，随买随煮。

花蟹

　　俗称花仔或花螃蟹，外壳带淡橘红的底，配上黑褐色斑纹，蟹壳上有一个明显的十字形，外表艳丽，腹面为嫩粉红色，卖相佳。挑选时以重量较重、体形饱满且不带氨臭味者为好。花蟹蟹肉饱满，适合清蒸，或者用姜、葱拌炒。

青蟹

　　一般所称的青蟹是体内有蟹膏的雌蟹，蟹脚粗壮、光滑无毛，在蟹类中个体较大。青蟹以肉质取胜，脂肪含量虽少，蛋白质的含量却相当丰富，且含有大量牛磺酸与烟酸。喜欢啃蟹脚与吃蟹肉的人，最适合选择青蟹。挑选时应选蟹背颜色深青、蟹腹雪白、蟹脚肥大、蟹身重且个体肥大者。

梭子蟹

　　又称金门蟹，是具有代表性的海产品。选购时以活动力、爬行力佳，手指轻触蟹眼时蟹眼会闪动，个体完整且大而饱满者为佳。9月以后的雌蟹有满肚丰腴膏黄，10月之后的雄蟹肉质肥硕鲜嫩。

[处理青蟹的方法]

1 将螃蟹腹部尾端的上盖剪下。

2 用手将螃蟹腹部外壳从蟹身剥离。

3 将砂囊取出。

4 用剪刀修剪蟹壳边缘。

5 将大蟹钳上多余的突起和蟹鳃杂毛清除干净。

6 将蟹脚上的脏污洗净。

7 将腹部蟹壳切成适当大小。

8 将带蟹脚的蟹体切去大蟹钳，蟹钳分切成数节。

9 切除各蟹脚尖端。

10 将带蟹脚的蟹体分切成数块。

鱼片怎样炸才会酥？

1. 鱼片先蘸蛋液再蘸淀粉。
2. 先将油烧热到140℃，再将鱼片分散开来放入油锅，油温要保持恒定，不可过高，以免鱼片外焦内生；不可过低，否则油炸面衣容易脱落。
3. 冷冻鱼片，一定要先解冻才可腌渍过粉，不然鱼片中的水分析出，会影响酥炸鱼片的口感。

基本信息

 常见的鳕鱼种类

圆鳕

    圆鳕属于深海鱼，依地域又分冰岛圆鳕、阿拉斯加圆鳕等，口感与肉质稍有差异。圆鳕在香港被称为银鳕，菜单上常见的龙鳕也属于圆鳕。由于濒临灭绝，限制捕捞，圆鳕货源少，价格也较昂贵。

    圆鳕的鱼皮薄、呈黑色，肉质滑嫩扎实，口感细致且富弹性，肉色较白，适合清蒸、火烤、油煎或少油炸的烹调方式。

    市场或超市多将圆鳕切成圆片状售卖，但因为货源较少的圆鳕与单价较低的油鱼切片后外形相似，也有一些卖场以油脂较多但价格较低的油鱼充当圆鳕。

    选购时，可以从鱼皮、肉色与口感等方面来区分圆鳕及油鱼。油鱼鱼皮颜色比圆鳕淡，呈浅灰色，有骨瘤突出，肉色偏黄，肉质虽油，但弹性、口感差，不容易消化，易导致腹泻。

圆鳕

油鱼

经典美食

酥炸鳕鱼

材料

鳕鱼600克，葱1根，姜3片，柠檬汁适量，鸡蛋2个，食用油1杯

调味料

A料：米酒1大匙，盐、胡椒粉各1/2小匙

B料：淀粉200克

做法

1. 葱洗净，切段；鸡蛋打入碗中，搅匀成蛋液；柠檬洗净，切开。

2. 鳕鱼洗净，沥干，放入碗中，加入葱段、姜片、蛋液及A料搅拌均匀，并腌渍约8分钟；取出鳕鱼，蘸裹B料略压一下。

3. 锅中倒入1杯食用油烧热，放入鳕鱼炸熟，捞出，切块，盛盘端出，放上洗净的柠檬块、欧芹、圣女果装饰，待食用时挤上柠檬汁即可。

注：装饰食材未在材料中体现，可根据自己的喜好随意选择。

小贴士

鳕鱼的挑选、清洗、处理方法

　　市场售卖的鳕鱼以切片的居多，要选择外皮富有弹性、鱼肉结实且有透明感者。

　　清洗和处理：烹饪前冲洗干净即可。切片鳕鱼容易变质，应趁早食用，如果买得较多，可以将每一片分别包装后，放在冰箱冷冻库中保存。

扁鳕

　　市场中最常见的扁鳕其实是属于比目鱼科的大型鱼种，同样是深海鱼，生存在海底200～2000米处，因口感与圆鳕类似，肉质香滑鲜美，但价格较圆鳕低而颇受欢迎。

　　市售扁鳕多斜切成鱼片，与较圆的圆鳕形状略有不同。扁鳕与圆鳕的主要差异在于脂肪含量，扁鳕的脂肪含量比圆鳕高，脂肪多集中在鱼皮与鱼肉之间。扁鳕肉质细腻、软滑，切面处肌理分明，入口却没有粗糙感，适合干煎、清蒸。

扁鳕

煎鱼时怎样做鱼皮不粘锅？

1. 用厨房厚纸巾充分擦干鱼身，然后在鱼皮上均匀抹一层面粉或淀粉。
2. 先将锅烧热，用姜片擦抹锅底。
3. 用热锅冷油法，下锅时，放入足够的食用油（以鱼肉可完全沾到油脂为准）。
4. 煎鱼时一定要用温油慢煎才能使鱼肉熟透，要翻面时，可以先轻晃锅，看鱼是不是能被晃动，会晃动则表示鱼皮脆硬不粘锅，可翻面。

基本信息

鲈鱼的挑选、清洗、处理与保存

选择肉质紧实，眼睛清澈不混浊、轮廓呈黑色，鱼身肥圆，鱼鳞亮透者，尤其是尾巴根部鼓起者，口感特别甜美。在清洗和处理上，可先将鱼鳞刮除，然后去鳃及内脏即可。由于鱼鳞很密，故要仔细刮除。原则上，要趁新鲜食用，若需要放在冰箱中保存，必须在清洗和处理后，将鱼装入保鲜袋内，放在冷冻库中保存。

鲈鱼变化菜肴

苦瓜鲈鱼汤、清蒸鲈鱼、葱油鲈鱼、鲈鱼汤、豆瓣鲜鲈鱼、豆酥鲈鱼、冬瓜破布子蒸鲈鱼、泰式柠檬鲈鱼。

鲈鱼营养功效

鲈鱼中维生素A、B族维生素和铁的含量比较丰富，在初夏的盛产季节，其维生素A和维生素D的含量更加丰富。维生素A可以促进黏膜的健康，保护视力，还可以预防呼吸道感染，避免感冒；B族维生素有助于促进人体所摄取的各种营养成分的消化和代谢，增加体力。鲈鱼鱼皮含有较多的维生素D和有助于预防贫血的铁，维生素D不仅可以促进钙的吸收，还有助于缓解压力，稳定情绪。

经典美食

红烧鱼

材料

鲈鱼1条（约700克），香菇2朵，冬笋50克，葱3根，姜片30克，大蒜4瓣，红辣椒1个，胡萝卜片适量，食用油4大匙

调味料

A料：盐、米酒各1大匙，淀粉3大匙

B料：米酒、白糖各1大匙，酱油3大匙，水2杯

做法

1. 刮除鲈鱼鳞片，洗净，沥干水分，两面鱼身各轻划3刀，放入盘中均匀抹上A料，腌渍约10分钟。冬笋、大蒜去皮切片；香菇泡软洗净，对半切开；葱洗净切段；红辣椒洗净切片。

2. 锅中倒入4大匙食用油烧热，放入鲈鱼以小火煎至两面呈金黄色，起锅，沥干油分。

3. 锅中留1大匙食用油，爆香葱段、姜片、大蒜片、红辣椒片，放入香菇、冬笋片、胡萝卜片炒熟，加入鲈鱼、B料，以大火煮开，改小火煮10分钟，盛盘后放上洗净的香菜叶装饰即可。

小贴士

去除鲈鱼腹部的白膜可去除苦味

鲈鱼腹部的白膜带有一点苦味，所以烹调前一定要处理干净。

活用技法：烧

食材入锅后，加入水及调味品，先用大火烧开，再用小火烧煮入味，改为中火或大火收干汤汁，这就是"烧"。"烧"可分为红烧、白烧、酱烧、干烧四种。红烧最常用的是酱油、糖，做出来的汤汁浓稠有味；白烧和红烧的不同点在于不加糖及有颜色的调味料；酱烧是先煸炒甜面酱、豆瓣酱、西红柿酱，再加上其他调味料及适量高汤，接着放入炸过的原料烧煮入味；干烧适用于质老筋多、鲜味不足或质地鲜嫩的原料。

怎样去除鱼的腥味?

1. 鱼类常使用盐腌的方法来去除腥味,在清洗时可以用盐水代替清水,鱼身清洗干净之后再用盐腌,去腥的效果会更好。
2. 干煎前不要太早抹盐,以免鱼的鲜味成分流失,影响口感,在烹调前30分钟抹盐即可。

 经典美食

煎带鱼

材料

带鱼300克,姜30克,食用油2大匙

调味料

A料:盐1/2小匙,胡椒粉1/4小匙

B料:面粉2大匙

做法

1. 姜洗净,去皮,切丝。
2. 带鱼洗净,切段,放入盘中,加入A料拌匀并腌渍15分钟。
3. 将带鱼两面均匀蘸裹B料。
4. 锅中倒入2大匙食用油烧热,爆香姜丝,放入带鱼段以小火煎至七分熟,改大火煎至两面呈金黄色,盛盘后放上洗净的欧芹和圣女果装饰即可。

小贴士

煎带鱼可淋米酒及柠檬汁

　　带鱼的脂肪较多,油煎或盐烤味道会更鲜美。在烹调过程中加入适量米酒,能够去除鱼肉的腥味并增加香气。干煎、盐烤带鱼时,淋一点柠檬汁,不仅可以增鲜,柠檬的维生素C还可以使人摄取的营养更均衡。

干煎时多放食用油

　　煎带鱼时,锅内多放些食用油,可以使鱼肉保持完整,翻面再煎时将锅内的部分食用油倒出,可减少鱼腥味;另外,煎带鱼之前一定要擦干鱼身,再薄薄地抹上一层面粉,这样鱼皮不仅不粘锅,还会很酥脆。

怎样煎味噌鱼不会外焦内生？

1. 在腌渍味噌鱼的过程中，会有酱料附着在鱼片上，沾满味噌酱料的鱼片下锅油煎时，锅一加热鱼皮就容易烧焦，鱼肉中间却还没有煎熟，所以味噌鱼下锅前要先用厨房纸巾把外皮的酱料拭净，因为味噌鱼片腌渍的时间很充足，鱼肉早已入味，即使外皮擦拭干净，香味依旧浓郁，如此就不会使鱼外焦内生了。

2. 煎鱼片时用小火慢煎，煎出的鱼片就会外酥内软。

经典美食

煎味噌鱼

材料

旗鱼2片，柠檬汁适量，姜10克，食用油3大匙

调味料

味噌5大匙，糖、米酒各2大匙

做法

1. 姜去皮，洗净切末，放入碗中，加入调味料调匀做成腌料；旗鱼片洗净，沥干，均匀抹上腌料，放入保鲜盒中，移入冰箱冷藏腌渍2天使其入味。

2. 将腌至入味的旗鱼片取出，以水冲去表面的腌料，擦干。

3. 锅中倒入3大匙食用油烧热，放入旗鱼片，以中小火煎至两面金黄后盛入盘中，挤上柠檬汁，放上洗净的欧芹、圣女果、柠檬块装饰即可。

小贴士

味噌鱼的腌渍方法

准备1碗味噌、半碗米酒、1大匙糖，放入密封袋中调匀，将切好的鱼片（鱼片不宜切得过厚，这样烹调时才容易熟）装入袋内，放在冰箱的冷藏室中腌渍2天。等腌入味后擦掉鱼片上的味噌酱，再将鱼片一片一片用塑料袋分装好，放进冷冻库；烹调前一天，把味噌鱼片移到冷藏室解冻；烹调前，将鱼片取出擦干，或烤或煎均可。

做糖醋鱼要选什么鱼？

做糖醋鱼最重要的是要选对鱼，最好选择外观看起来圆鼓鼓的、肥厚多肉的，这样的鱼耐煎耐煮，不会一入油锅煎炸就变得干瘪。黄鱼、草鱼、鲤鱼等肉质肥厚且富弹性，比较适合做糖醋鱼，而肉质太软、一煎就碎散的鳕鱼则不适合做糖醋鱼。

 经典美食 ## 松子黄鱼

材料

黄鱼1条（约400克），青椒1/2个，松子仁、胡萝卜各75克，葱1根，食用油、糖水各适量

调味料

A料：米酒、盐各1小匙

B料：面粉200克

C料：糖、西红柿酱各1大匙，水1/2杯

做法

1. 松子仁洗净，以糖水煮5分钟，捞起，沥干后放入油锅中炸至金黄色，捞出，沥干油分备用；青椒、胡萝卜、葱均洗净，切片。

2. 黄鱼洗净，切十字花纹，加入A料抹匀腌渍5分钟，取出，均匀蘸裹B料，以中大火炸熟，捞出沥干油分。

3. 锅中倒入2大匙食用油烧热，放入葱片爆香，加入青椒片、胡萝卜片及C料，以中小火煮至汤汁剩下一半，均匀淋在鱼身上，撒上松子仁即可。

小贴士

鱼肉切十字花纹更入味

鱼肉切十字花纹是为了烹煮时更入味，所以不要切得太深，否则油炸时鱼身容易断裂。

松子仁以糖水煮过口感更好

新鲜的松子仁口感较软，香气也不浓，在烹调前一定要先处理，以糖水煮过可以增加其甜度与脆度，比直接炸更香，口感更酥脆。

蒸鱼时怎样保持鱼肉鲜嫩？

1. 蒸鱼前一定要先把水煮开，冒出热汽后再将鱼放入蒸锅，用大火蒸6~8分钟再转中火，以避免加热过急，造成鱼肉迸裂不美观。
2. 蒸鱼时不可以把锅盖掀开，否则蒸汽外散，会降低蒸锅内的温度，使得鱼肉不容易蒸熟。
3. 蒸鱼时，底部垫上筷子，加速蒸锅内的空气对流，可保持鱼肉鲜嫩，或者在鱼和盘子中间铺上2~3根葱，不仅可以缩短蒸鱼时间，而且能去除鱼腥味。
4. 用蒸锅蒸鱼时，时间以不超过10分钟为宜。

清蒸鲳鱼

材料
鲳鱼1条（约700克），葱2根，姜40克，红辣椒1个，食用油2大匙

调味料
A料：盐1小匙
B料：白胡椒粉1小匙，米酒2小匙
C料：酱油1小匙

做法
1. 姜洗净，切片；鲳鱼切开腹部，去除鳃及内脏，冲水洗净。
2. 用刀在鱼身两面轻划2刀，两面均匀抹上A料，放入盘中，加入姜片及B料腌渍30分钟。
3. 将鲳鱼移入蒸锅中蒸熟，盛盘，倒掉多余汤汁。
4. 葱洗净，切丝；红辣椒去蒂，洗净，切丝，铺在鲳鱼上，淋上C料；锅中放入2大匙食用油烧热，淋入盘中，放上洗净的香菜装饰即可。

小贴士

白身鱼最适合清蒸

　　黄鱼、鲈鱼、鳟鱼、鳕鱼、石斑鱼、黄鳍鲷、白鲳等白身鱼肉质细嫩鲜美，口感清淡，最适合清蒸。

怎样利用啤酒让食物更美味？

腥味较重的鱼类、螃蟹，或者鸡肉、冷冻过的肉或排骨，可用啤酒腌渍10～15分钟，然后以清水冲洗，再下锅烹调，可去除腥味。

 经典美食　**啤酒茄汁虾**

材料

明虾500克，淀粉1/2杯，葱1根，食用油适量

调味料

A料：糖2大匙，盐1小匙

B料：西红柿酱1杯，清水1/2杯，啤酒1杯

做法

1. 葱去长须，洗净，切段备用。
2. 明虾剪去须脚和尾巴，从中间剖成两半，均匀裹上淀粉，放入热油锅中炸至金黄色，捞出，沥干油备用。
3. 锅中留1大匙食用油，烧热，放入葱段炒香，倒入明虾略炒，依序加入A料及B料，待汤汁收干，盛盘后放上洗净的香菜装饰即可。

小贴士

看头部选明虾

选择明虾时要注意肉质是否有弹性，同时由于虾一般从头部开始变质，因此若是虾的头部和身体分离，代表虾已不够新鲜。

鱼片怎样炒才不会碎散？

1. 热炒的鱼片，最好选择肉质紧密、纤维较长的鱼类（如草鱼）切成片状，这类鱼片较不易被炒到碎散。

2. 切鱼肉时要顺着纹路切，但不能切得太薄。将鱼肉切成约0.5厘米厚的片，加腌料抓拌一下，放入热油中快速过油，待肉色变白时立刻盛起，这样鱼肉便已定型；然后另起油锅把其他配料略炒一下，再加入过油定型好的鱼片一同炒熟即可，这样做出来的鱼片就不会碎散。

 经典美食

碧绿鱼片

材料

鲷鱼肉150克，绿竹笋60克，上海青20克，香菇6朵，胡萝卜20克，食用油1杯

调味料

A料：盐、蛋清各适量

B料：盐、鲜鸡粉各1/4大匙，米酒1/2大匙，香油1小匙

C料：水淀粉2小匙

做法

1. 鲷鱼肉洗净，切片，以A料略腌；胡萝卜去皮洗净，切片；香菇去蒂，泡软，切片；绿竹笋去皮、洗净，切片；上海青洗净，放入沸水中烫熟，捞出，沥干水分。

2. 锅中倒入1杯食用油烧热，放入鲷鱼片烫至变色即盛出，沥油；锅中留1大匙油继续加热，放入香菇片、胡萝卜片、绿竹笋片略炒，加入鲷鱼片、上海青及B料炒熟，最后以C料勾芡即可。

小贴士

用盐及蛋清腌拌鱼片

鱼片在加腌料抓拌时，最好用盐和蛋清腌拌，千万不要使用酱油和全蛋液，以免热炒时鱼肉变色，影响美观。

13

怎样煮出无腥味的鱼汤？

1. 煮鱼汤时，要选新鲜的鱼。
2. 一定要等水沸腾，再把鱼放进去，沸水会使鱼表面的蛋白质快速凝固，不仅可以保住鱼的鲜味，而且鱼腥味会因遇热而挥发。鱼汤烧开后要转小火，最好不要加盖，并随时观察火候，以免汤汁变混浊。
3. 将鱼在稀释的柠檬汁中稍浸泡，再用清水冲净，也可去除鱼腥味。
4. 鱼煎过再煮汤也可以去除腥味，但不能煎太久，以免鱼肉变老影响风味。

 经典美食

萝卜鲈鱼汤

材料

鲈鱼1条（约500克），白萝卜1个，老姜4片，葱末1大匙，香菜适量，清水4杯，食用油2大匙

调味料

盐1/2小匙，米酒1大匙

做法

1. 鲈鱼洗净，去除内脏，擦干水；白萝卜去皮，洗净，切成粗条。
2. 炒锅中放入2大匙食用油，加老姜片爆香，放入鲈鱼，煎至两面微黄后盛出。
3. 汤锅中放入略煎过的鲈鱼及白萝卜条，加适量清水，以小火焖煮约2小时后开盖，加入调味料，待汤沸腾后即可熄火，起锅前撒入葱末及洗净的香菜即成。

小贴士

煮鱼汤加白萝卜可使汤汁更甘甜

　　煮鱼汤时加白萝卜，汤汁会变得十分甘甜，但是一定要在冷水时就把白萝卜与鱼放进去同煮，这样鱼的鲜味就不会流失，然后用中小火慢煮，在鱼汤将熟之际，再加入葱、姜、盐和少许米酒，这样煮出来的鱼汤便会鲜美甘甜。要注意盐不可早放，否则鱼肉会变硬。

小鱼豆干怎样炒才会香脆?

1. 先将小鱼干泡水、洗净、沥干水分后再煸炒,最后加上豆干一同拌炒。
2. 豆干最好选大方干,因为它质地柔软且较易入味。烹调前先将豆干切成薄片或细丝,稍炸一下再拌入炒好的小鱼干。

豉椒鱼干豆丁

材料

小鱼干75克,五香豆干75克,红辣椒2个,豆豉1大匙,大蒜1瓣,食用油适量

调味料

酱油1小匙,糖2小匙,清水1/3杯,香油、胡椒粉各少许

做法

1. 小鱼干以1大匙沸油小火炸至酥脆,捞起,沥干。
2. 五香豆干洗净,切丁;豆豉泡水,沥干;红辣椒洗净,切细丝;大蒜去皮,切细末。
3. 锅内放1大匙食用油烧热,先爆香红辣椒丝、大蒜末与豆豉,再依序放入五香豆干丁、所有调味料及小鱼干,拌炒均匀,盛盘后放上洗净的香菜装饰即可。

小贴士

选用长2厘米左右的小鱼干

市售小鱼干种类繁多,只有长2厘米左右、外表干黑的小鱼干才适合做豉椒鱼干豆丁。

不加盐,加辣椒风味更佳

小鱼干本身已有咸味,因此烹调时不必再加盐。如怕辣椒太辣,可以在处理辣椒时,事先刮除辣椒籽或选择较大的辣椒,若喜欢吃辣,则可选择鸡心辣椒等较小的辣椒。

怎样炒出脆滑的虾仁？

1. 把虾仁洗净后，用干净的纱布或厨房纸巾包住，充分吸干水。
2. 在炒之前放进冰箱冷藏约20分钟，然后取出快炒。
3. 如果担心虾仁遇热缩小，可将虾仁蘸裹蛋清和淀粉，这样较不易出水，且烹调时能保持脆滑口感。
4. 虾仁属于易熟的食物，烹调时必须等油热之后才下锅，炒至变色就马上盛起。
5. 如果担心虾仁有腥味，可加一点米酒或料酒腌拌一下，腌拌时要擦干水，这样腌料才会入味。

基本信息

虾仁变化菜肴

什锦虾仁、玉米粒虾仁、西红柿虾仁、鸡茸虾仁、茄汁虾仁。

芦虾的挑选与处理

挑芦虾时，要选肉质结实，头部和身体完整，头部没有变黑，且无异味者。处理时可将头部的根须剪除；若做虾仁菜，则将泥肠剔除，剥下虾头。

芦虾营养功效

芦虾是市场上的常见虾之一，含有维生素A、维生素E、B族维生素和维生素C，有助于增强免疫力、延缓细胞衰老、减轻疲劳，同时还能保护肺脏，降低胆固醇，减少静脉中血栓的形成。芦虾中钾的含量特别高，钾可降低血压，缓解精神和肉体的紧张，从而有助于将体内多余的钠排出体外，消除浮肿。要注意，过敏体质者不宜多食芦虾。

经典美食

虾仁炒蛋

材料

鸡蛋8个，虾仁200克，食用油4大匙，葱花适量

调味料

A料：鸡蛋1个（取1/2蛋清），淀粉1小匙，酒1小匙

B料：盐1/2小匙

做法

1. 虾仁去泥肠，洗净，沥干，加入A料拌匀。

2. 锅中倒入1大匙食用油烧热，放入虾仁低温油炸。

3. 鸡蛋打散成蛋液，放入B料拌匀。

4. 锅中倒入3大匙食用油烧热，放入蛋液，加入炸好的虾仁拌炒，炒熟后撒上葱花即可。

小贴士

炒鸡蛋的技巧

打蛋时要慢慢搅拌，如果太用力，蛋液会起泡失去弹性。蛋液倒入锅中后，不要急着搅动，若蛋液起泡，要先将气泡戳破，除去蛋泡里的空气，这样炒出来的蛋才会滑嫩细腻。将蛋轻轻打散后加点白糖，也可炒出松软可口的炒蛋。

活用技法：炒

炒是一般家庭中应用最广泛的烹调技法，以大火快速翻拌锅中的食材，可以保留食材的鲜味与原汁，花费的时间较短，过程也不复杂。炒的诀窍在于先将材料处理成相同的大小和形状，最常见的切法是切丁、切丝、切条、切片等，如此快速翻炒的过程可使所有的材料都均匀受热，达到相同的熟度，吃起来口感才会好。

怎样炸出香酥有弹性的虾球？

1. 虾仁放入由蛋清、糯米粉、面粉搅拌而成的面糊中拌匀。
2. 油量要足够。
3. 炸虾球易焦黑的原因是油温控制不好，在一般人的观念里，油炸一定要用大火高温，这是错误的。其实油炸菜品好吃的口感来自外酥内嫩，所以炸的过程中一定要分两段火力，虾球要先用小火炸至金黄，再转大火炸酥后立即捞出沥干，这样炸出来的虾球口感酥脆可口。

基本信息

草虾营养功效

　　草虾的蛋白质含量比其他虾类高，谷氨酸、牛磺酸等成分使草虾吃起来特别甜，牛磺酸还有降低血液中的胆固醇、维持正常血压的功效，有助于预防糖尿病等。同时，常吃草虾还能强化肝脏功能，增强肝脏的排毒功能，以及促进小肠的蠕动，消除便秘。

虾变化菜肴

　　宫保虾球、芝麻虾球、百合虾球、荔枝虾球、豉汁虾球、蒸虾球、猕猴桃虾球、芦笋虾球、什锦虾球、XO酱虾球、辣酱虾球、糖醋虾球。

　　以下为各式虾料理的小秘诀。

　　·做白灼虾时：在开水里放几片柠檬，可以去腥，也能让虾肉更鲜美。

　　·做蒜蓉虾或奶酪虾时：应该从虾背上将壳剪开，但不要去壳，这样更易入味。

　　·煮龙虾下锅时：要用大火，若用小火，虾肉容易过熟、不好吃。

　　·在处理个体较大的虾时：可在腹部切一刀，这样炒时会熟得比较快，也比较容易入味。

　　·炸虾时：要油热、火大、时间短、回锅炒时动作迅速，才不会让虾的肉质变老。

 经典美食

菠萝虾球

材料

草虾12只（约250克），罐头菠萝片3片，沙拉酱少许，食用油3大匙，花生碎适量

调味料

A料：淀粉、面粉各2大匙

B料：胡椒盐、西红柿酱各1小匙

做法

1. 草虾去壳及泥肠，在虾背上划一刀，洗净，放入碗中，加A料及少许水搅拌均匀，用手捏成球状；罐头菠萝片取出，切小块。
2. 锅中倒3大匙食用油烧热，放入虾球，以小火炸至金黄色，捞出沥干，盛在盘中，加入菠萝块，撒上花生碎，蘸B料食用即可，可放洗净的欧芹装饰。

小贴士

炸好虾球后及时沥干油分才能避免油腻口感

刚炸出来的虾球口感香嫩，但冷却时容易吸油，因此捞起后务必充分沥油，或者用厨房纸巾吸取过多的油脂，这样才能避免油腻口感。

草虾挑选要诀

要挑选虾身完整、肉质紧实、虾壳富有光泽、全身富有透明感者。去泥肠时，可用牙签从虾背处挑出。

活用技法：炸海鲜

面粉糊常用于炸鱼、虾，在调制时，可先在冷水中加入少许盐，再放入已经过筛处理的面粉，这样可避免形成面粉块，使面粉糊更易搅拌。

怎样炒出酥脆且入味的盐酥虾？

1. 盐酥虾要先爆再炒，拌炒的速度要快，这样才能保留虾肉的精华。
2. 烹调时多放点食用油，待油烧热后，再把虾入锅爆炒，快速爆炒后立刻捞起。
3. 充分沥油，以免虾壳吸油过多，使口感不够酥脆。
4. 虾爆过再炒时，锅中只要剩1大匙食用油，爆香葱、姜等香辛料后，再放入虾，用大火快炒至入味即可。

 经典美食

盐酥虾

材料

草虾500克，姜10克，葱2根，大蒜3瓣，红辣椒2个，食用油2大匙

调味料

白胡椒粉2小匙，盐1小匙

做法

1. 草虾洗净，沥干水分，挑去泥肠。
2. 葱、红辣椒均洗净，切末；大蒜去皮，切末；姜洗净，切末。
3. 锅中倒入2大匙食用油烧热，放入草虾炒至呈红色，盛出。
4. 锅中留1大匙食用油加热，放入葱末、姜末、大蒜末及红辣椒末爆香。
5. 加入草虾以大火炒熟，最后加入调味料炒匀即可。

小贴士

虾先洗净再去壳及泥肠

　　虾洗好后再剥虾壳、去泥肠，可以保持虾身及虾黄的完整性，这样才不会失去虾的营养、鲜味和橘红色泽。

怎样炸出形态完好的牡蛎?

1. 将刚买回来的牡蛎先用一盆稀盐水清洗干净后,再用开水烫淋一遍,并用厚纸巾拭干,充分去除水分,可避免油炸时爆油。
2. 把牡蛎放入淀粉中充分蘸裹。
3. 油温超过180℃时,便可将牡蛎下锅油炸。
4. 待牡蛎露出油面且表面呈金黄色时,即可捞出。

经典美食

炸牡蛎酥

材料

牡蛎300克,淀粉1/2杯,罗勒适量,食用油3杯

调味料

胡椒粉1/4小匙,盐1/2小匙

做法

1. 罗勒洗净,去老茎;牡蛎洗净,去壳,用水冲至摸起来没有黏液,充分沥干水,然后均匀地蘸裹淀粉。
2. 锅中倒入3杯食用油烧热至180℃,放入牡蛎肉快速炸约1分钟,至表面金黄酥脆,即可捞出,沥油,放入盘中。
3. 油锅中放入罗勒以大火炸至酥脆,立即捞出,沥干油分,放在炸好的牡蛎上,撒上调味料,拌匀即可。

小贴士

餐盘铺纸巾可保持牡蛎的酥脆口感

做这道菜时,摆盘前可先在盘中铺上纸巾,再倒入炸酥的牡蛎,可避免牡蛎吸油,这样一来,就算久放,口感也不容易变软烂。

怎样加快贝类吐沙的速度？

1. 蚬等淡水贝类，要用自来水吐沙，若沙子很多，要每小时换一次水，连换2~3次。

2. 蛤蜊、文蛤等海水贝类，要用盐水吐沙，盐与水的比例大约是1升水加入20克盐，并放入1把铁汤匙，这样可加快贝类吐沙的速度。

 经典美食

凉拌蛤蜊

材料

蛤蜊600克，大蒜3瓣，红辣椒1个，冷开水1大匙

调味料

酱油3大匙，米酒、糖各1大匙

做法

1. 蛤蜊泡水吐沙，洗净；红辣椒去蒂，洗净，切丁；大蒜去皮，切末。

2. 锅中倒入半锅水，放入蛤蜊以小火煮至壳微张，捞出，盛入大碗中，加入红辣椒丁、大蒜末、调味料及1大匙冷开水搅拌均匀，浸泡1小时后捞出即可。

小贴士

蛤蜊烹饪技巧

若不习惯蛤蜊特有的腥味，烹调时可以多加一点米酒；未去壳的蛤蜊入味比较难，因此加热时要盖上锅盖略焖烧一下，可以加速蛤蜊肉吸收汤汁。

怎样炒出鲜嫩不老的蛤蜊肉？

1. 大火快炒是确保蛤蜊肉质鲜嫩好吃的秘诀。
2. 只要蛤蜊壳打开了，就可以马上熄火。
3. 大火翻炒后马上盖上锅盖，稍微焖一下也可让蛤蜊壳较易打开。
4. 加些许米酒提味，可避免蛤蜊肉缩小及有腥味。

经典美食

生炒蛤蜊

材料

蛤蜊200克，罗勒50克，大蒜3瓣，姜2片，红辣椒2个，食用油2大匙

调味料

酱油膏3大匙，米酒1大匙，糖1/2小匙，盐1小匙

做法

1. 红辣椒洗净，切片；大蒜去皮，切末；罗勒摘下嫩叶，洗净；姜去皮，洗净。
2. 蛤蜊放入盐水中浸泡吐沙，捞出冲净，沥干。
3. 锅中倒入2大匙食用油烧热，爆香大蒜末、姜片、红辣椒片；放入蛤蜊炒至壳开，加入调味料炒匀，再加入罗勒炒香即可。

小贴士

蛤蜊互敲有清脆声才新鲜

要选择手感沉重、外壳富有光泽、没有开口者，挑选时可将蛤蜊相互撞击，如果发出清脆的声音，表示蛤蜊比较新鲜。

怎样处理鱿鱼等头足类海鲜？

1. 新鲜的墨鱼、鱿鱼等头足类海鲜，切片前要先用盐或醋抓拌一下，搓去黏液。
2. 用清水清洗干净，去除外皮的膜后，在内面划出交叉刀纹。
3. 用沸水烫过后立即捞出放入冰水中，可充分保持头足类海鲜肉质的脆度，烹调时也较易入味。

基本信息

鱿鱼挑选和处理要诀

挑选新鲜鱿鱼时，以颜色深、富有光泽者为佳。清洗的时候先揪下鱿鱼脑袋，连同内脏一起拉出，再去除拉出的内脏、眼睛和吸盘，最后剥去外皮。干品则以体表有白粉者为佳。

鱿鱼变化菜肴

新鲜的鱿鱼可盐烤、凉拌；干鱿鱼较适合炭烤；水发鱿鱼在烹调前需先泡水，使其重新吸收水分，以去除杂质及异味，再红烧、油爆或香炒。

鱿鱼营养功效

鱿鱼所含的牛磺酸有助于降低血压和血液中的胆固醇，预防心血管疾病等，还能增强肝脏功能，可解毒，预防宿醉，对神经系统也有积极的作用。新鲜鱿鱼中的蛋白质含量虽然比鱼类少，但这些蛋白质容易被人体消化吸收，而且其脂肪含量较低，是适合减肥者和中老年人食用的低热量、高蛋白食品。

客家小炒

材料

五花肉、干鱿鱼各75克，葱2根，大蒜1瓣，红辣椒1个，虾米38克，食用油2大匙

调味料

黄豆酱、酱油各1小匙，米酒、糖、香油、鸡精各1/2小匙

做法

1. 葱洗净，切小段；大蒜去皮，切片；红辣椒洗净，切丝。

2. 干鱿鱼洗净，切小段；五花肉洗净，切丝；虾米洗净，泡软。

3. 锅内放2大匙食用油，烧热，将五花肉丝、干鱿鱼段入油锅炸香，捞起，沥油。

4. 锅内留下1小匙热油，爆香虾米、大蒜片，再放入葱段及五花肉丝、干鱿鱼段、红辣椒丝与所有调味料拌炒均匀，盛盘后放上洗净的香菜装饰即可。

小贴士

炒鱿鱼的油温在100~120℃为宜

炒鱿鱼的油温不宜过高，以100~120℃为宜，一般手放在油锅上方能感觉到热度即可。油温太高会使鱿鱼肉质过于干硬，口感不佳。

活用技法：发泡

1. 油发法：每500克干鱿鱼加10毫升香油、少许碱块，一起放入盖过食材的水中，泡到鱿鱼肉软即可。

2. 碱发法：将1000毫升冷水加上50克碱块一起搅拌均匀，干鱿鱼先放在冷水中浸泡3小时后捞出，再放入搅拌好的碱水中浸泡3小时，这样反复浸泡至鱿鱼肉质软化即可，把鱿鱼放到冷水中反复漂洗至没有碱味即可入菜。

怎样保持海蜇皮的脆爽口感？

1. 先将海蜇皮泡在盐水里略为淘洗，再放进洗米水中仔细清洗，就可以把沙粒清洗干净。
2. 将海蜇皮放入清水中浸泡一天以上并沥干水分，最后放入70℃的水中氽烫一下，捞出后立即放入冰水中快速冷却。切忌用沸水氽烫，以免海蜇皮被烫得过老。

 经典美食

凉拌海蜇皮

材料

海蜇皮300克，红辣椒1个，胡萝卜、小黄瓜各50克，大蒜3瓣

调味料

A料：盐1小匙

B料：酱油、糖各1大匙，白醋1/2大匙，香油2大匙

做法

1. 红辣椒去蒂，洗净，切丝；大蒜去皮，切末；胡萝卜去皮，和小黄瓜均洗净、切丝，放入碗中，加入A料抓拌，再用冷开水洗净，沥干水。
2. 海蜇皮洗净，放入碗中泡水1小时，捞出切细丝，再放入热水中氽烫，立即捞出，浸入冷开水中过凉，再捞起，沥干水，盛入盘中，加入胡萝卜丝、小黄瓜丝及B料拌匀，最后撒上大蒜末及红辣椒丝即可。

小贴士

海蜇皮的处理与烹饪技巧

　　海蜇皮咸味较重，烹饪前要用清水充分洗净盐分，再放入碗中浸泡，多换几次清水，才会清脆有嚼劲。海蜇通常用来凉拌、醋拌，也可以快炒，快炒前要过水氽烫，以去除盐分。海蜇加热后会变硬，故快炒时只要在起锅前拌炒一下即可盛出。

怎样炸出外皮金黄的鱼排？

1. 油炸菜肴常出现颜色焦黑或外皮熟、里馅尚未完全炸透的情况，原因在于油温过低，正确的做法是等食材完全解冻后再蘸上面糊下锅油炸，可避免降低锅内油温。
2. 制作大量的油炸食物时，要分批将食物投入油锅，这样才能维持稳定的油温，炸出外皮金黄、内馅熟透的油炸食物。

酥炸鱼排

材料

鲷鱼180克，食用油3杯

腌料

淀粉2大匙，鸡精、糖各1小匙，胡椒粉、盐各1/2小匙，米酒、香油、水各5毫升，鸡蛋1个（取蛋清）

调味料

A料：酥脆粉100克，水110毫升
B料：胡椒粉1/4小匙，盐1/2小匙

做法

1. 鲷鱼洗净，沥干水分，切成厚片，加入拌匀的腌料，腌渍10分钟至入味，取出。
2. 腌好的鲷鱼片均匀蘸裹搅拌均匀的A料，备用。
3. 锅中倒入3杯食用油烧热至150℃，放入鲷鱼片炸约3分钟，至表面金黄酥脆，捞出，沥油，盛盘后放上洗净的欧芹、红辣椒丝、葱白丝，食用时撒上拌匀的B料即可。

小贴士

炸鱼排不败秘籍

　　油炸鲷鱼片的时间与鱼片厚度有关，鱼片若切得较厚，需较长的油炸时间，若切得较薄，油炸时间可缩短。

油炸食物的油量要足够

　　油炸食物的油量要足够，以能没过食物为宜，先用大火定型，再转小火慢炸。如果油温偏高，可以先将食物捞起，等油温稍微下降后再放回继续炸。

怎样烤鱼才不会粘烤盘？

1. 明炉烤就是将食材切成小片或小块并腌渍入味，然后放在烤盘上，置于敞口式的炉火上烤。由于火力较分散，食材不易快速烤匀，需要较长时间才能将食材烤熟，因此在烤食物时，可以在烤盘中涂上醋或食用油，避免食物在翻面时粘烤盘。

2. 烤鱼类菜肴时，可以在烤盘中铺上一层铝箔纸，并将铝箔纸四边折起来，避免肉汁流出，让烤盘保持干净；切一些洋葱丝或葱丝垫在锡箔纸上也可防止烤物粘底，还能增加香味。

 经典美食

烤味噌小黄鱼

材料

小黄鱼3条，香菜叶适量

调味料

盐、味噌烧烤酱各适量

做法

1. 将新鲜小黄鱼洗净；香菜叶洗净，切碎。
2. 将小黄鱼直接放在洗净的烤网上，移入烤炉，均匀抹上盐，烤至微黄，再刷上味噌烧烤酱，继续烤至酱汁即将收干，撒上香菜叶碎即可。

小贴士

最适合炭烤的鱼

　　小黄鱼、三文鱼、柳叶鱼等都适合烤食，盛产季节的秋刀鱼与香鱼脂肪含量丰富，烤食的口感特别好，但为了避免鲜味流失，要避免太早抹盐。

烤香鱼的诀窍

　　味噌的味道浓厚，十分适合用来烧烤腥味较重的鱼。如果购买的是新鲜香鱼，烧烤时再涂抹酱料即可，若买的是冷冻的香鱼，则要等鱼肉解冻之后才能烧烤，这样烤出来的鱼肉才不会散碎；同时还可先以味噌腌渍一下，不但更容易入味，还可去除鱼腥味。

第二章 猪肉类

[图解猪的食用部位]

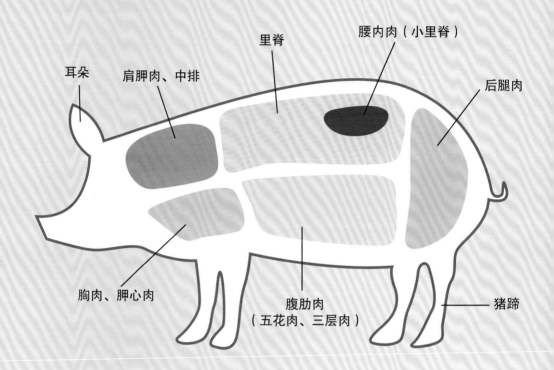

耳朵

肩胛肉、中排

里脊

腰内肉（小里脊）

后腿肉

胸肉、胛心肉

腹肋肉
（五花肉、三层肉）

猪蹄

小贴士

猪肉各部位适合的烹煮方式

耳朵： 卤、凉拌
肩胛肉、中排： 烤、炖、炒、煮汤
里脊： 烤、炸、蒸、煎、炒、炖
腰内肉： 煎、炒、炸
后腿肉： 烧烤、火腿
胸肉、胛心肉： 白煮、红烧、红糟、炒、煎、烤、炸
腹肋肉： 炒、炖、卤、红烧
猪蹄： 红烧、白煮

[猪腰的清洗与处理]

1. 猪腰内侧中央有一个小洞，可以从这个小洞灌入清水冲洗，用水将猪腰灌到慢慢膨胀起来。灌过水的猪腰，吃起来口感较脆。

2. 将猪腰平放，用菜刀对剖切半。

3. 将猪腰内部的白筋剔除干净，并放入干净的清水中，一边浸泡，一边将血水挤出并随时换水，反复多次直到挤不出血水为止，这样就能去除猪腰的腥味。

[猪腰怎样切花]

1. 在外侧轻轻划上横纹。

2. 顺着花纹的垂直方向切片。

[猪蹄上毛的处理]

1. 如果猪蹄上毛不多，可以用夹子把毛夹除。

2. 如果猪蹄上毛太多，可以将猪蹄夹至炉火上方，把毛烧掉。

3. 将用炉火烤过的猪蹄泡在热水里，让猪皮的角质软化，接着用刀把表面焦黑的地方轻轻刮除。

五花肉怎样卤才软嫩不油？

1. 五花肉要切厚一点，这样长时间卤制时肉才不会散开。
2. 先将整块肉酥炸，酥炸可以逼出过多的油脂，让肉更香。
3. 将炸过的五花肉捞起沥干油后，以冷水冲洗5分钟，让肉块快速降温，如此肉块可吸收适量水分，使肉质更为软嫩；反复冲洗数次，可使猪肉的组织立即收缩，这样煮出来的五花肉便不会油腻，吃起来更爽口。

基本信息

 五花肉挑选要诀

挑选五花肉时，从外观来看，要肥瘦适中，也就是肥瘦肉的比例接近，瘦肉太多会干硬，太少则会油腻；肉色要鲜红明亮；按压时肉富有弹性；猪皮表面要细致。

 五花肉营养功效

带皮五花肉含有丰富的胶原蛋白，是构成人体筋骨必不可少的营养成分，而且对皮肤有一定的营养作用，可以增加皮肤弹性、韧性，使皮肤变得更加光滑。

 五花肉变化菜肴

五花肉口感较滑嫩，味道也很香浓，适合长时间炖煮，或者红烧、粉蒸。常见的五花肉菜肴有红烧肉、扣肉、东坡肉、蒜泥白肉、封肉、回锅肉、粉蒸肉、台式炸肉、腐乳肉、椒盐五花肉、沙茶五花肉、萝卜炖五花肉、蒜苗炒五花肉、客家小炒肉等。

经典美食

传统香菇卤肉

材料
五花肉600克，干香菇10朵，大蒜3瓣，食用油2大匙

腌料
酱油适量

卤料
酱油1/2杯，水2杯，冰糖2大匙

做法

1. 五花肉洗净，切块，以酱油腌渍上色；干香菇洗净，泡软；大蒜去皮，拍碎，切末。

2. 锅中放入2大匙食用油烧热，爆香五花肉块至金黄色，取出。

3. 锅中留少许油以中火烧热，爆香大蒜末和香菇至香气散出，加入五花肉块及卤料以大火烧沸，再转小火炖煮约30分钟即可。

小贴士

卤肉的技巧

　　加入卤汁中的葱、姜、大蒜等香辛料，最好炸过再卤，这样香味会持久浓郁，形体也不会因久煮而散烂；卤汁中加入少量红糖，可中和酱料的咸味，并使卤肉颜色红润有光泽，味道会更香醇；五花肉不可过瘦，卤之前先炸至金黄色，可以充分释出肥肉的油脂，使肉质更爽口、酥香。

活用技法：卤

　　卤制时间较长，食材要切大块才比较耐卤，若数种材料同时卤制，要分批进行，注意火候的控制，小火慢卤，才能卤出滋味醇厚、熟软香嫩的口感。

怎样炖出香嫩可口的台湾炉肉？

1. 将五花肉烫过再煎至表面呈金黄色，释出多余油脂后再加酱料熬煮。
2. 用小火熬煮至肉质软烂，卤制时一次卤一锅，比较恰当的分量是一锅约卤500克。分量太少，香辛料的量不好拿捏，容易使香气太浓，反而吃不出炉肉的香味。

经典美食　　**台湾炉肉**

材料

五花肉600克，食用油适量

调味料

A料：草果、砂姜各10克，甘草、桂皮各15克，八角、山奈各5克，丁香、小茴香、花椒各适量

B料：葱段、姜片各5克，拍碎大蒜5瓣，红曲米90克，鸡精50克，高汤1200毫升，冰糖1200克，深色酱油5杯，绍兴酒3大匙

做法

1. 五花肉洗净，切块，放入沸水中汆烫约5分钟，取出，放入油锅中煎至两面金黄，捞出。
2. 将A料放入棉袋中绑紧做成卤包，放入锅中，加入五花肉及B料，以大火煮滚，转小火炖煮约1小时，捞出稍凉后切片，盛盘时可放上洗净的欧芹、卤鹌鹑蛋装饰。

小贴士

五花肉卤制技巧

　　五花肉切块时，要逆着肉纹切，卤汁才会快速渗入。猪皮上的毛一定要清除干净，再和香辛料下锅炖煮，火候要控制得宜，需炖煮1小时以上才能使肉质入口软嫩。

怎样去除猪大肠的腥味？

1. 以温水清洗，不要用沸水，以避免脏污粘在里面，接着倒入盐和白醋。
2. 用手搓洗猪大肠外部，当水面出现泡沫时表示已经把脏污洗出来了，然后将污水倒掉。
3. 用筷子穿过大肠，将大肠里面往外翻，继续清洗里面。
4. 将清洗好的大肠搭配葱、姜、花椒一起汆烫，可以去除腥味。

 **经典美食**　　## 酸菜润大肠

材料

酸菜、桂竹笋各200克，猪大肠300克，蒜苗2根，葱1根，姜1片，水3杯

调味料

鸡精1大匙，食用油1大匙，胡椒粉、糖各1/2小匙，盐少许

做法

1. 葱洗净，切段，猪大肠洗净，加姜片、葱段入水汆烫，取出切段；酸菜与桂竹笋切片；蒜苗洗净，切段。
2. 锅中加3杯水煮沸，加入猪大肠段、酸菜片、桂竹笋片煮30分钟，再加入调味料，起锅前加蒜苗段即可。

小贴士

猪大肠的挑选技巧

　　颜色乳白的猪大肠较新鲜，颜色变黑的猪大肠不新鲜，吃起来口感发硬，有黄色胆汁的猪大肠则会带有苦味。购买时最好选长30厘米左右、摸起来有点温热的猪大肠，口感会比较软嫩。

怎样炒出滑嫩不油腻的肉丝？

1. 选用里脊肉，切丝时要逆纹切。
2. 下锅前先腌渍：250克肉丝约加半碗水，注意水要在拌腌过程中分几次慢慢加入，这样水分会逐渐被肉吸收，需要腌渍10～20分钟。
3. 入锅时以温油烫至七分熟捞起，以保留住肉中的水分。

 基本信息

 猪肉挑选要诀

　　健康猪肉呈鲜红色或淡红色，切面有光泽而无血液，肉质嫩软，脂肪呈白色，肉皮平整光滑，呈白色或淡红色；死猪肉的切面有黑红色的血液渗出，脂肪呈红色，肉皮呈现青紫色或蓝紫色；老猪肉肌肉纤维粗，皮肤较厚，瘦肉多；变质猪肉肌肉暗红，刀切面湿润，弹性基本消失，气味异常；注水肉透过塑料薄膜，可以看到里面有灰白色半透明的冰和红色的血冰。

 肉丝变化菜肴

　　京酱肉丝、鱼香肉丝、青椒肉丝、麻辣肉丝、干煸肉丝。

 猪肉营养功效

　　猪肉富含维生素B_1，有缓解疲劳之功效；猪肉还含有丰富且品质佳的蛋白质，营养价值高且容易吸收，特别适合儿童、手术前后的患者或缺铁性贫血患者食用。

经典美食 京酱肉丝

材料

猪里脊肉300克，葱3根，大蒜2瓣，红辣椒1个，食用油2大匙

调味料

A料：米酒、酱油、淀粉各1小匙，盐1/2小匙，水1大匙

B料：甜面酱2大匙，糖、米酒各1小匙

做法

1. 猪里脊肉洗净，切细丝，加入A料腌10分钟；大蒜去皮，洗净，切末；葱洗净，切细丝，铺在盘底；红辣椒洗净，切丝。

2. 锅中倒入2大匙食用油烧热，放入猪里脊肉丝略炒后盛起。

3. 锅中留适量余油烧热，爆香大蒜末、红辣椒丝，加入B料炒香，最后加上猪里脊肉丝拌炒至熟，盛在葱丝上即可。

小贴士

里脊肉烹饪技巧

里脊肉过油的目的是迅速封住肉汁，不让营养流失，并且避免肉质变得又老又硬；过油时油量要多，但火力不可太大，入锅后要以锅铲顺同一方向将肉迅速搅散，不停搅拌，待肉色变白后立即捞起，以迅速封住肉汁，肉质口感才会滑嫩；油锅的温度一定要够高，否则肉类腌拌时所蘸裹的粉料容易掉落，肉汁容易流失；与其他配料拌炒时，炒匀即可，以免肉质过老。

活用技法：酱爆

京酱就是酱爆，关键在于甜面酱一定要先炒香。先在甜面酱里加入适量水及糖，在小碗里面调匀，再放入锅以中火拌炒，炒的时候火力不可太大，以免炒出来的酱料有焦苦味，最后加入主材料拌炒，黏稠的甜面酱即可将食材完全包裹入味。

怎样煮出熟嫩适中的白切肉？

1. 煮白切肉时，水不能太少，一定要盖住猪肉。
2. 火不可以太大，以中火煮约15分钟即可熄火。
3. 肉留在锅内，利用余温将肉闷熟，约5分钟后捞出。想要确定猪肉是否已经煮熟，可以在肉中插入一根筷子，如果抽出筷子时不带血水，即表示肉已熟。

 经典美食

蒜泥白肉

材料
五花肉375克，香菜10克
调味料
蒜泥酱适量
做法

1. 五花肉刮去表皮，洗净，放入锅中以沸水煮熟，捞起，沥干水分。
2. 将煮熟的肉切薄片，整齐摆盘，淋上调味料，再撒上香菜即可。

小贴士

煮五花肉时不加盖更能去腥

　　烹调五花肉时，锅中放入冷水后直接放入五花肉及香辛料一起煮沸，烫煮时不加锅盖更能去除猪肉的腥味。

蒜泥酱衬托猪肉清香

　　冷冻过的白切肉加热后，可搭配蒜泥酱汁蘸食，大蒜调制而成的蒜泥酱具有辛、香、鲜味，能去除肉类腥味，并能衬托猪肉的清香味。

怎样去除猪肝的腥味?

1. 洗净、切片的猪肝可先浸泡在稀释的醋水或牛奶中,烹饪前冲洗干净。
2. 用盐水冲洗,略为挤压,把血水挤出,放入用洋葱、大蒜、芹菜等煮沸的水中汆烫,再取出用冷水冲洗。
3. 将猪肝洗净擦干后切片,放入沸水中煮,等到白浊的水变澄清时,就可以烹调了。用大蒜、辣椒和酱油调制成的酱料涂在洗净拭干的猪肝上,也可以去除猪肝的腥味。

经典美食 · 小黄瓜猪肝

材料
猪肝300克,胡萝卜70克,小黄瓜2根,葱1根,姜10克,食用油3大匙,红辣椒片适量

调味料
A料:白醋2大匙
B料:酱油2大匙,米酒1/2大匙,淀粉1大匙
C料:盐1/2小匙,糖1/4小匙

做法
1. 猪肝放入碗中,加入水及A料浸泡约5分钟,捞出;以清水冲净,擦干,切片;放入碗中,加入B料拌均匀,并腌渍约5分钟。
2. 小黄瓜、姜、葱均洗净,切片;胡萝卜去皮,洗净,切片。
3. 锅中倒入2大匙食用油烧热,放入小黄瓜片和胡萝卜片炒至半熟,盛出。
4. 锅中再加1大匙食用油烧热,放入猪肝片炒至半熟,加入其他材料及C料大火炒熟即可。

小贴士

热油炒可防猪肝变老

爆炒猪肝时,锅中的油要烧热,炒的时候火要大,不能一直翻炒,否则很容易让猪肝变老。此外,水煮猪肝时,下锅时火要小,煮沸后立刻熄火,才不会使猪肝因为煮得太老而失去软嫩的口感。

怎样炸出外酥内嫩的猪排？

1. 炸猪排前，先在猪排有筋的地方切开2～3个口子，然后再炸，这样猪排就不会缩小了。
2. 炸猪排时，先将锅中的食用油烧热，以小火炸到猪排呈金黄色，然后改用大火将猪排外层炸至酥脆，这样可以使猪排不会吸收太多的油分。

 经典美食

炸猪排

材料
猪里脊肉500克，鸡蛋1个，食用油3杯

调味料
A料：酱油2大匙，盐、糖、胡椒粉各1/2小匙，
面粉2大匙，食用油1小匙
B料：面包粉1杯
C料：西红柿酱1小匙

做法
1. 猪里脊肉洗净，切成1厘米厚的片，以肉锤敲松，放入碗中，加入A料搅匀，并腌渍20分钟，取出。
2. 鸡蛋打入碗中搅匀，放入腌好的肉片两面蘸匀，再蘸上B料裹匀。
3. 锅中倒3杯食用油烧热，放入裹好炸衣的肉片炸酥，捞出盛盘，淋上C料，可放上洗净的欧芹和葱白丝装饰。

小贴士

不同的油炸粉口感各异

常见的油炸粉有面包粉、低筋面粉、淀粉等。颗粒状的面包粉可使猪排口感较为酥脆且厚实；低筋面粉可包住肉汁，口感较松脆；淀粉则需与面粉或其他粉类以1:1的比例混合，同样可包住肉汁，增添香脆口感。

油量应是食材的4倍

炸猪排时油量一定要充足，通常油量要达到食材的4倍，这样才可以产生足够的浮力，以免猪排一入锅就沉到底部，很快被炸煳。而且油量充足才能让猪排均匀受热，炸出漂亮的金黄色，避免表皮湿软、互相粘连的情况出现。

怎样煎肉排不粘锅？

1. 煎肉排时，要用热锅热油，肉排才不易粘锅。若油温不够而粘锅时，可将锅离火，放在湿布上冷却一下，这样就可以轻易翻动肉排了。
2. 用酱油腌过的猪肉很容易煎焦，腌拌时，在腌酱中加入少量食用油，可以有效避免将肉排煎至焦黑的情况。

 **经典美食** ## 煎猪排

材料

猪排2片（约300克），食用油适量

调味料

酱油1小匙，胡椒粉、淀粉各少许

做法

1. 猪排以刀背拍打至筋肉松散，加入酱油、胡椒粉及食用油略拌，最后加入淀粉腌渍入味。
2. 锅中倒入适量食用油烧热，放入猪排煎熟即可，盛盘后可放上苹果片、火龙果片、玉米笋、胡萝卜片等装饰。

小贴士

煎猪排宜用平底锅

煎猪排以平底的不粘锅最理想，煎时油量不用太多，但必须以中小火均匀加热，才不会粘锅，煎好的猪排外观也较漂亮。如果是用铁制的平底锅，就要先热锅，以大火稍煎，再转中火煎熟即可。

怎样做出酥脆好吃的糖醋排骨？

1. 小排骨腌好后，蘸面粉下热油锅炸，第一次用小火炸5分钟后捞出，第二次下锅炸3分钟后捞起，这样才炸得透，且不会炸得太老。
2. 炸好的小排骨要与糖醋汁充分炒匀，让排骨的表面裹满糖醋汁，盛出后尽快吃完，以免小排骨被汤汁泡软而失去酥脆的口感。

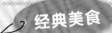 经典美食

糖醋排骨

材料
小排骨块500克，罐头菠萝2片，葱3根，姜20克，青椒、红椒、胡萝卜片各适量，食用油1杯

调味料
A料：盐1小匙，酱油2大匙
B料：面粉1杯
C料：糖、淀粉各1小匙，白醋1大匙，西红柿酱5大匙

做法
1. 罐头菠萝沥干，切小片；葱洗净，切段；姜、青椒、红椒洗净，切片。
2. 小排骨块洗净，放入碗中，加入A料及葱段、姜片腌拌15分钟；腌好的小排骨均匀蘸裹B料；锅中倒入1杯食用油烧热，放入小排骨块以小火炸熟，捞出，沥干油分。
3. 锅中留1大匙食用油继续加热，加入C料炒匀，再加入小排骨块、菠萝片、青椒片、红椒片、胡萝卜片炒至汤汁呈黏稠状即可，盛盘后可放上洗净的菜装饰。

小贴士

糖、醋放太多会盖过小排骨的香味

糖、醋放太多，会盖过小排骨的香味。因此，半斤小排骨只需搭配2大匙糖和1大匙醋。

怎样节省烤肋排的时间?

1. 在准备腌渍酱料时,就可以预热烤箱。
2. 将肋排放入烤箱中央均匀受热,烘烤时不要打开烤箱。
3. 要判断肋排是否熟透,可以用竹签刺进肉中,若轻易就可穿透,并且没有血水从肉中冒出,则代表肋排已经烤熟。

经典美食   ## 橙汁烤肋排

材料
猪肋排1块(约300克),奶油适量

调味料
酱油、糖、米酒各1大匙,橙汁3大匙,水果醋2大匙,姜末、大蒜末各1小匙

做法
1. 烤箱预热至180℃,烤盘铺上锡箔纸,抹上1大匙奶油。
2. 将调味料放入碗中调匀,做成腌料;猪肋排洗净,擦干水,放入腌料中抓拌,移入冰箱腌2小时至入味。
3. 烤盘内摆上猪肋排,放进烤箱中,以180℃烤约50分钟即可,盛盘后可放上西蓝花、芦笋段等装饰。

小贴士

肉类食材都可做成橙汁口味

橙汁适合用作肉类食材的佐酱,若不喜欢吃猪肋排,可以将猪肋排换成猪小排、鸡腿肉、羊小排等,只要调整烤箱烘烤的时间即可。

粉蒸肉怎样做才会滑嫩多汁？

1. 粉蒸肉用的蒸肉粉由大米加香料炒制而成。由于蒸肉粉容易吸收腌料中的水分及油脂，因此腌渍时要多加些香油，避免肉汁水分被粉吸干，导致肉质变干涩。
2. 用中火慢蒸，如火太大，易造成肉质表面干硬而里面半生不熟的现象。
3. 在蒸的过程中，要不断在外锅加入热水，这样就能让肉熟烂又入味，而且一起蒸的配料也不会蒸得过烂。

 经典美食

粉蒸肉

材料
五花肉300克，芋头200克，蒸肉粉150克，葱花适量

调味料
糖2大匙，酱油、水各1大匙，香油、花椒粉、辣豆瓣酱各1小匙

做法
1. 五花肉洗净，切块，放入碗中，加入调味料抓拌均匀，腌渍1小时，取出后均匀蘸裹蒸肉粉。
2. 芋头去皮，洗净，切块，放入水中浸泡15分钟，取出沥干后，排入盘中，铺上五花肉。
3. 放入蒸锅中，蒸至五花肉熟软，撒上葱花即可，盛盘后可放上洗净的香菜装饰。

小贴士

用蒸肉粉腌拌时要注意调味料的用量
市售的蒸肉粉通常都已经调过味，因此腌拌主要材料时，一定要注意酱油等咸味调味料的分量，以免蒸出来的肉过咸。

蒸肉时宜用中火慢蒸
烹调之前要先把肉腌渍入味，再以中火慢蒸，将猪肉块里外都蒸熟。如果火太大，容易造成肉块表面干硬而里面半生不熟的现象。

怎样让蒸好的肉末不粘蒸盘？

1. 要避免蒸好的肉末粘住蒸盘，盘中必须先抹油，再放入肉末。
2. 要以大火蒸煮，以免小火蒸煮时间过长，造成肉末的水分大量流失，口感变得干涩老硬；清蒸的菜肴多数没有油水，因此要靠一些提鲜的食材来丰富口感，如竹笋、香菇、酱瓜、咸蛋黄和火腿等，提味食材不可切得太厚或太大，蒸的时候才能使肉末充分吸收鲜味。

经典美食 ## 荫瓜仔肉

材料
荫瓜罐头1罐，猪肉末300克，大蒜3瓣，葱末适量
调味料
鸡精1小匙，米酒少许
做法
1. 荫瓜罐头倒出汤汁，将荫瓜放入沸水中略微汆烫，捞出后切成碎末；大蒜去皮，切末。
2. 盘中放入荫瓜末、大蒜末、猪肉末、荫瓜汤汁，加入调味料一起调拌均匀，放入蒸锅，隔水蒸煮约25分钟至肉熟透，撒上葱末即可。

小贴士

蒸肉前宜先炒香大蒜末

要使菜品香气更浓郁，可将大蒜末先爆香再使用，或者以少许油葱酥来取代大蒜末，这样蒸出来的荫瓜仔肉更香。

市售肉末适合做蒸肉，不适合做肉丸子

通常市场上买回来的猪肉末肥瘦比例是1:3，适合做蒸肉或用作配菜，例如，烹制肉酱面的肉酱。若拿它做肉丸子，则会由于肥肉比例较高，做出来的丸子较软嫩、不弹牙。

怎样炒粉丝不糊烂？

1. 粉丝在使用前要先泡冷水，使其软化。
2. 使用时一定要充分沥干水，否则容易粘锅。
3. 粉丝易吸油、水，在炒时要多加一点油，加水量以能够盖过粉丝为宜，焖煮时间不宜过长，以避免粉丝因吸入太多水分而变得糊烂。

经典美食　蚂蚁上树

材料

猪肉末150克，粉丝2把，葱1根，大蒜2瓣，姜2片，食用油1大匙，水1杯，红辣椒丝适量

调味料

A料：辣豆瓣酱1大匙

B料：花椒粉1/4小匙，糖、酱油各1/2小匙

C料：香油1/2小匙

做法

1. 大蒜去皮，切末；葱、姜均洗净，切末；粉丝以冷开水泡软，捞出沥干。
2. 锅中倒入1大匙食用油烧热，放入姜末、大蒜末及猪肉末爆香，加入A料，以中小火炒出香味，再加入1杯水煮开。
3. 加入粉丝、红辣椒丝及B料，以中小火煮至汤汁剩下一半，转大火将汤汁收干，淋上C料，撒上葱末即可。

小贴士

蚂蚁上树的烹饪技巧

　　蚂蚁上树的肉末最好选择活动量较大、细嫩具弹性的猪颈肉，如能带点油花，口感更好，肥瘦肉比例为1：4。炒肉时要用小火炒出肉末中的油，炒香的时候一定要等到肥肉的油脂都出来后再加水，水煮沸后再放入粉丝，转中小火慢慢收干汤汁；豆瓣酱一定要稍微炒一下，香味才会出来；粉丝要用冷开水浸泡，不要煮，泡软即可。

怎样做出弹牙的肉丸子？

1. 猪肉末含水量不高，可以加入切碎的荸荠，以增加肉丸子的含水量。
2. 搅拌猪肉末时要先把荸荠充分沥干，并加入面粉或淀粉、全蛋液或蛋清，顺同一方向搅拌，拌至肉团黏稠、有弹性，或者增加摔打的动作，使肉团中的空气完全释出，如此油炸时才不至于一炸即散。
3. 要避免炸好的肉丸子在焖煮时变松软，也可改用清蒸或红烧的方法，熄火前再淋上芡汁烧至入味即可。

 经典美食　　## 红烧狮子头

材料

猪肉末600克，大白菜300克，荸荠200克，葱、姜各50克，鸡蛋1个，胡萝卜丝少许，食用油适量

调味料

A料：淀粉3大匙，酱油2大匙，米酒1大匙，胡椒粉1小匙

B料：水2杯，酱油3大匙，糖、米酒各1大匙

做法

1. 荸荠、姜、葱分别去皮，洗净，切末；大白菜洗净，切大块。
2. 将猪肉末放入碗中，打入鸡蛋，加入葱末、荸荠末、姜末及A料搅拌至有黏性。
3. 用手捏握成肉丸子，放入热油锅中以大火炸至金黄色，捞出，沥干油分。
4. 锅中倒入B料，放入大白菜块、胡萝卜丝以大火煮滚，再加入肉丸子，转小火煮至入味，熄火，盛入盘中，可放上洗净的香菜装饰。

小贴士

炸肉丸子时油温要高，且需不断搅拌

油炸肉丸子时，油要加热至较高温度再放入肉丸子，并以锅铲不断翻动，以免肉末粘锅底。待肉丸子外表固定，不会破碎，即改小火使内部均匀熟透，或者用蒸锅蒸熟。

怎样处理猪蹄？

1. 猪蹄包含骨、肉、脂肪与皮，要先汆烫：汆烫时将食材与冷水同时放入锅中加热，食材内的血水或苦涩味会随水温逐渐升高而排出。
2. 汆烫的目的是去除骨髓质、血水与过多的油脂，烫过之后再以冷开水稍微冲掉表面的油污，效果会更好。

经典美食　　**红烧猪蹄**

材料
猪蹄800克，姜30克，食用油2大匙，水2杯
调味料
卤包1包，冰糖50克，酱油、米酒各1杯，盐2小匙
做法
1. 猪蹄洗净，放入沸水中煮5分钟，捞出放凉；姜洗净，切片。
2. 以夹子拔除猪蹄表皮上的余毛，然后将其剁成大块。
3. 锅中倒入2大匙食用油烧热，放入猪蹄略炒，再加入姜片、调味料，以大火煮沸。
4. 将猪蹄盛入深锅中，倒入2杯水，以大火煮沸，再转小火煮至猪蹄完全熟烂即可，盛盘后可放上洗净的香菜、红椒丝、葱丝等装饰。

小贴士

汆烫后再细看毛是否已拔干净

售卖前，猪皮或猪蹄上的毛通常已经被处理过，若有毛没拔干净，可在其汆烫去血水后，再用夹子拔除。

怎样卤出弹牙的蹄髈？

1. 餐厅都是用高温油炸蹄髈，但一般家庭用油煎即可；猪皮经过油煎后，再炖煮时口感会比较弹牙，肉质也会软而不烂。
2. 蹄髈炸后急速冷却，可使外皮有弹性又不油腻。
3. 炖卤时要用小火慢炖，在锅底垫入葱段，可以避免猪皮因直接接触锅底而烧焦；炖煮过程中要经常翻动，除了可使蹄髈均匀入味，还可以避免底部烧焦。
4. 卤汁中加点冰糖可使蹄髈颜色好看且易入味，而且卤汁会较浓稠香醇。

 经典美食

笋干蹄髈

材料

笋干150克，猪蹄髈1只（约800克），葱2根，姜1小块，大蒜6瓣，八角3颗，红辣椒末、食用油各适量

调味料

A料：酱油1大匙

B料：盐1/4小匙，冰糖、米酒各1大匙，鸡精、胡椒粉、五香粉各1/2小匙，水3杯

做法

1. 葱洗净，切段；姜洗净，拍碎；笋干洗净，放入沸水中氽烫，捞出，以冷水冲去咸酸味；大蒜去皮备用。
2. 将洗净的蹄髈放入碗中，加入A料腌拌，然后放入热油锅中炸去多余油脂，捞出，沥干。
3. 锅中倒入1大匙食用油烧热，爆香葱段、姜碎、大蒜、红辣椒末，放入笋干、蹄髈、八角及B料煮沸，移入炖锅，炖煮40～50分钟至熟即可，盛盘后可放上洗净的香菜装饰。

小贴士

蹄髈火烤后用冷水冲洗，再用钢刷刷去余毛

想要快速轻松地脱毛，可将蹄髈外皮放在炉火上烤一下，然后用冷水冲洗，让其毛囊缩紧，再用钢刷刷去余毛即可。

怎样处理梅干菜？

1. 先用水将梅干菜泡软，把老硬的头去掉。
2. 用水将泥沙冲洗干净，然后把水分拧干，切碎使用。
3. 腌渍梅干菜时加了大量盐，烹调前可以先用少许糖炒一下。

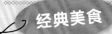 经典美食

梅菜扣肉

材料

带皮猪五花肉600克，梅干菜150克，上海青200克，食用油、葱花各适量

调味料

酱油2大匙

做法

1. 猪五花肉洗净，放入沸水中烫至约八分熟，捞出，沥干，趁热均匀抹上1大匙酱油，腌渍备用。
2. 梅干菜洗净，用水泡20分钟，捞出洗净，切成碎丁；上海青洗净，汆烫至熟，捞起，摆盘。
3. 锅中倒入3杯食用油烧热，将腌好的五花肉炸至表皮金黄，捞出，沥干油分，切片；将五花肉片整齐地摆入碗中，再将梅干菜放在肉上，均匀倒入1大匙酱油，入蒸锅蒸约30分钟至肉软烂，取出扣在摆有上海青的盘上，撒上葱花即可。

小贴士

梅菜扣肉烹饪技巧

　　梅干菜易吸油、水，最好搭配肥瘦参半的五花肉烹调。五花肉烹调前一定要先下水煮20分钟去腥，捞出沥干后再下油锅炸一下，炸的时候要使猪皮面朝下，以去除多余的油脂，炸到表皮酥脆即可捞出，然后快速将炸过的五花肉用冷水冲泡，使五花肉高温油炸后紧缩的组织变松弛，烹调时更容易入味，且滑嫩不腻。

怎样处理腰花?

1. 腰花即猪腰，也就是猪的肾脏，买回来后先用清水冲洗干净。
2. 把猪腰对半剖开，因为里面的白筋带有浓烈的腥臊味，所以务必将其全部剔除，再放入清水中，把血水挤出，反复数次，直到没有血水为止。
3. 猪腰清洗干净后，就可以切花、切块，要注意不可切得太薄，以免口感干柴。

经典美食 ## 香油腰花煲

材料
猪腰1副（约400克），香油3大匙，姜200克
调味料
米酒1杯
做法
1. 猪腰洗净，切花；姜洗净，切片。
2. 锅中倒入香油烧热，将姜片爆炒约5分钟后，加入腰花一起拌炒，倒入米酒煮约10分钟即可。

小贴士

选用未炒焦的芝麻炼制的香油才是好香油

香油以未炒焦的芝麻来炼制为佳，用炒焦的芝麻炼出的香油吃了容易上火，失去了温补的意义。选购香油时，以颜色深、浓度高、香气饱满者为上品。

卤汤熬好后需要取出卤包吗？

1. 制作卤汤时，需按照卤包配方的比例去调配，如果不准备制作老卤，那么卤包可以一直浸泡在卤锅里。
2. 如果要制作老卤，应该在第一遍卤汤煮好时，捞出卤包，将旧的卤汤加入其中混合就是老卤，只要保存得当，适时撇除浮油、浮末，老卤的味道就会越陈越香。
3. 当卤汤不够时，可酌量添加酱油、冰糖、八角及水，这样就可以加入食材继续卤制。

 经典美食

卤东坡肉

材料

五花肉600克，干瓢（或盐草）少许

调味料

冰糖150克，绍兴酒、米酒各1/2杯，蚝油3大匙，酱油膏2大匙，味精1大匙，水2杯

卤料

草果36克，陈皮、川芎、甘草、桂叶、桂枝、红枣各适量

做法

1. 将五花肉放入冰箱冷冻，取出切成方形，用干瓢绑好，备用。
2. 将卤料与调味料放入锅中，用小火一起熬煮至出味，将卤汁和五花肉倒入陶瓷中，慢慢煮至熟烂，放上洗净的香菜装饰即可。

小贴士

东坡肉卤制诀窍

东坡肉要肥而不腻才好吃，传统做法是先将五花肉炸至表皮缩紧，再加入卤汁以小火焖煮，猪皮部分朝下，用小火慢煮2小时，注意卤汁不要烧干，卤到汤汁变浓稠、皮滑肉烂时即可取出。

怎样判断油的温度？

可利用面糊沉入油锅底部这一方法来推测。

低温：将面糊滴入油锅中，若面糊沉到底部再慢慢浮上来，则为150~160℃的低温，适合炸较厚的肉类、根茎类蔬菜，以及需要二次炸制的食材。

中温：若面糊没有沉到底，在一半处就浮上来，则为170~180℃，炸各种食材均适合。

高温：若面糊立刻在油锅表面散开，则大约为190℃，适合二次油炸及炸鱼。

 经典美食

炸排骨酥

材料

小排骨300克，大蒜3瓣，姜20克，淀粉适量，食用油3杯，圆白菜丝适量

调味料

糖、酱油各1大匙，胡椒粉、五香粉各1小匙，米酒2大匙，盐、淀粉各1/2大匙

做法

1. 大蒜和姜均去皮洗净，切末，加入调味料搅匀，调拌成腌料备用。

2. 小排骨洗净，切块，加入拌匀的腌料腌25分钟至入味，取出蘸裹适量淀粉。

3. 锅中倒入3杯食用油，以中火加热至油温达160℃，放入小排骨块，油炸约4分钟，改180℃大火继续炸1分钟，捞出沥油，放在铺有圆白菜丝的盘中，可放上洗净的欧芹装饰。

小贴士

炸排骨秘诀

如果排骨炸得外焦内生，多半是因为炸制时油温太高，应该在低温时放入排骨，以大火快炸定型，再转小火慢炸，起锅前再转大火快炸一下就捞出。若油温太高，可先把食物捞起，待油温下降后再放入酥炸，或者加入新的油以降低油温。

怎样炒出香嫩的猪肝？

1. 猪肝不要切得太厚，这样可缩短烹调时间，避免因炒过头而使猪肝的口感变干、变老。
2. 下锅炒猪肝时火不要太大，待猪肝表面颜色转白、不出血水时，即可准备起锅。

经典美食

韭苔炒猪肝

材料

猪肝、韭苔各150克，芝麻、枸杞子各1大匙，生菜1/2颗，姜2片，食用油适量

调味料

鸡精1小匙，胡椒粉、糖各1/2小匙，米酒1小匙，盐少许

做法

1. 猪肝洗净，切丁；韭苔洗净，切小段；生菜洗净，剪成碗形后浸泡在凉开水里；姜洗净，切末；枸杞子泡水。
2. 炒锅烧热，加少许食用油，爆香姜末，加入猪肝丁炒熟，再放入韭苔段、枸杞子与所有调味料炒熟，然后盛入盘中，撒上芝麻。
3. 捞出生菜叶，沥干水分，取适量步骤2的材料放入生菜叶中，食用时包起来即可。

小贴士

生菜泡水后口感更清脆

生菜清洗后浸在凉开水中，更能保持其多水、爽口的清脆口感。

猪肝清洗的诀窍

将猪肝放在水龙头下，朝着猪肝的动脉孔洞灌水，一边灌水，一边挤压猪肝，让其内部的脏污流出来，然后剔除猪肝上半部比较厚的白筋部位再切片，这样可去除猪肝的腥味，且更容易消化。

第三章 鸡肉类

[鸡肉各部位的B族维生素含量]

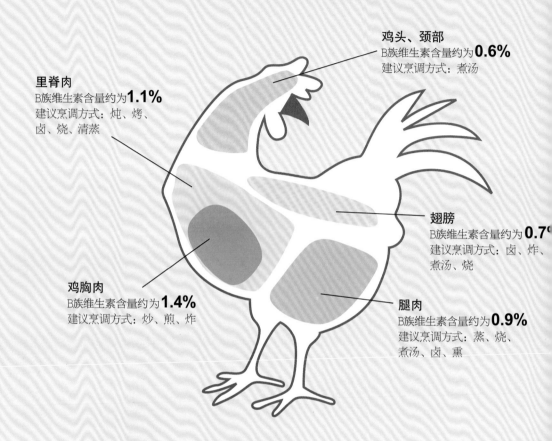

鸡头、颈部
B族维生素含量约为**0.6%**
建议烹调方式：煮汤

里脊肉
B族维生素含量约为**1.1%**
建议烹调方式：炖、烤、
卤、烧、清蒸

翅膀
B族维生素含量约为**0.7%**
建议烹调方式：卤、炸、
煮汤、烧

鸡胸肉
B族维生素含量约为**1.4%**
建议烹调方式：炒、煎、炸

腿肉
B族维生素含量约为**0.9%**
建议烹调方式：蒸、烧、
煮汤、卤、熏

[鸡胸肉的切法]

切片法

一只手压着
肉，另一只手拿
刀逆纹横切，这
样切出来的肉片
较薄。

切丝法

顺着纹路
将肉切成薄片
后平放，逆纹
切细丝。

切丁法

1. 顺着纹路将鸡胸肉切成粗条。

2. 逆着纹路将粗条切成小丁。

去除鸡胸肉的筋

用刀从筋的起端轻划一下，接着一只手拉筋，一只手拿刀沿着筋的底部向前滑即可。

制作鸡丝

方法1： 将鸡胸肉与少许葱、姜一起在水中煮5分钟，熄火泡15分钟至熟，取出放至冷却，用手剥成丝状。

方法2： 将烫好的鸡胸肉放在熟食用的砧板上，上面覆盖一个塑料袋，用酒瓶碾压鸡胸肉，将鸡肉的纹路碾压出来。拿掉袋子后，用两支叉子在鸡胸肉上戳一戳、叉一叉，鸡丝就会自然散开。

[鸡腿怎样去骨]

1. 沿着鸡腿骨划一刀。

2. 一直划到鸡腿尽头。

3. 将关节处的白筋切断。

4. 将上半段的骨头去除。

5. 用刀背将尽头的骨头打碎。

6. 把骨头与肉拉开，使其分离。

7. 将骨头去除即可。

怎样炸出好吃的咸酥鸡？

1. 将酱油、米酒、香油、五香粉、鸡蛋和面粉拌匀后制成腌料，用保鲜膜封好，放在冰箱冷藏20～30分钟。
2. 将鸡肉放入腌料中腌渍后再油炸，这样炸出来的鸡块会非常入味。
3. 想要炸出漂亮的咸酥鸡，可在油温150℃时放入腌好的鸡肉，以小火烫熟，捞出前改大火炸半分钟即可。

基本信息

 鸡肉挑选、处理、保存要诀

选购鸡肉时，以肉质结实有弹性、粉嫩有光泽、毛孔突出、鸡冠为淡红色、鸡软骨白净者为宜。购买后要尽快处理，将鸡肉放于水龙头下，将肉及内脏的血水搓洗干净，去除多余的脂肪。处理好的鸡肉应立即包好放入冷冻室，2天内煮完。如放入冷藏室，则应当天烹调。

鸡肉营养功效

鸡肉属于白肉，肉性温和，主要营养成分有蛋白质、脂肪、糖类、维生素A、B族维生素、钙、磷、铁、铜等，是常见食材。其纤维较细、好消化，营养丰富、易被吸收，自古被视为滋补的佳品。因为鸡肉价廉物美，且烹调方式多样，所以大众对鸡肉的接受度相当高，尤其适宜成长中的儿童、青少年食用。

鸡肉变化菜肴

鸡丝拉皮、鸡肉卷、红糟鸡块、蜜汁鸡、怪味鸡块、炸八块、辣子鸡柳、宫保鸡丁、豆芽鸡丝、麻辣鸡片。

经典美食

咸酥鸡

材料

鸡胸肉250克，淀粉1/2杯，罗勒20克，食用油3杯

调味料

A料：盐1/4小匙，酱油3大匙，糖1大匙，米酒2大匙，五香粉、肉桂粉各1/2小匙

B料：胡椒粉1/4小匙，盐1/2小匙

做法

1. 鸡胸肉洗净，沥干，切成小块，放入碗中，加入A料抓拌均匀，略腌渍10分钟，取出，放入盘中，将其两面均匀蘸裹淀粉。

2. 锅中倒入3杯食用油，油温烧至150℃时放入鸡胸肉块，炸5秒至定型后，再转小火炸2~3分钟，最后转大火炸30秒，再加入洗净的罗勒略炸，捞起，放在铺有生菜叶的盘中，食用时蘸B料即可。

小贴士

炸鸡块的秘诀

炸鸡块的秘诀是待鸡块炸至定型后，转小火慢慢炸熟，这样肉质才不会太干焦，炸好捞出前改大火快炸一下，可释出肉中多余油脂，鸡肉吃起来才不会油腻。

活用技法：油炸

油炸食物的油温不能太低，但油温过高也会让食物产生异味；油炸过程中，不可一次加入过多材料，以免锅中热油突然降温，造成油温过低；如果油温太高，可以先熄火，等油温略降后再投入食物。

怎样烤出外焦内嫩的鸡腿?

1. 鸡腿烘烤前一般会先腌渍,由于腌料的盐分较多,鸡腿本身的水分含量就会相对变少,这会使鸡腿表皮极易烤黑,里面的鸡肉却不熟。
2. 烘烤前先以清水冲洗鸡腿表面多余的腌料,让鸡腿吸收一些水分,再用小火慢烤,这样烤出来的鸡腿就不会太硬、太咸,并且外表金黄、肉质鲜嫩。

经典美食 烤鸡腿

材料

鸡腿2只(约500克),柠檬1个

调味料

酱油膏、酒各2大匙,糖、香油各1大匙,鸡精1小匙,葱段、胡椒粉各少许,大蒜末2小匙,水300毫升

做法

1. 鸡腿洗净,沥干,加入调味料腌渍1天至入味。
2. 将腌渍好的鸡腿放入已预热的烤箱,以180℃的温度烤约25分钟至表面呈漂亮的金黄色即可取出,食用前挤上柠檬汁即可,可放上洗净的欧芹、柠檬块装饰。

小贴士

擦干多余水分让腌料更入味

腌之前充分擦干鸡腿表面的水分,可使鸡腿肉快速吸收腌汁,更加入味。

烤箱要预热

烤箱预热是成功的关键。在烘烤前先将鸡腿的筋络切断,遵循"低温、长时间烘烤"的原则,这样能让鸡腿中心熟透,外皮又不至于烤焦。

怎样卤出软嫩多汁的鸡腿?

1. 鸡腿质地鲜嫩、肉多汁美,有些人会贪图快熟,把鸡腿剁成数块,再放进锅中卤制,这样会造成鸡汁流失,肉质也会变硬。正确的卤法是将鸡腿整只卤,食用前再用刀剁开。
2. 卤煮前先用水浸泡鸡腿以去除腥味,用竹签在表面刺几个洞后,再浸泡在卤汁中卤煮,这样可缩短卤制的时间。
3. 土鸡的肉质较为结实,最适合卤制,经过长时间的焖煮卤制,土鸡的口感软嫩又不至于太过软烂。

经典美食 ## 卤鸡腿

材料

鸡腿2只(约500克),大蒜4瓣,葱2根,姜30克,卤包1个,食用油适量

调味料

水5杯,酱油1/2杯,冰糖、米酒各2大匙

做法

1. 大蒜去皮,拍碎;葱洗净,切段;姜去皮,切片备用。
2. 鸡腿洗净,放入热油中过油,捞出备用。
3. 锅中放入调味料、卤包、葱段、姜片、大蒜碎及鸡腿煮开,熄火闷4小时,捞出鸡腿,放在铺有生菜叶的盘中即可。

小贴士

过油再卤更入味

卤鸡腿时,将鸡腿先油炸再卤制,可使鸡腿的外观更油亮,而且口感略带酥脆,又不失香浓,层次十分丰富。

怎样炸出香酥多汁的鸡腿？

1. 炸鸡腿时外皮容易比里面先炸焦，所以火力大小的调节要特别注意，外皮颜色变深时可把火关小，以免炸焦。
2. 鸡腿第一次入锅时先用小火炸至表皮呈金黄色，然后捞起，待20秒后第二次入锅，用大火炸至表皮酥脆，重复数次，如此鸡腿肉才能保有足够的甜度和紧实度。
3. 要缩短鸡腿油炸时间，可在内侧划上数刀，如此可以更有效地掌握鸡腿的熟度。

经典美食　美式炸鸡腿

材料
鸡腿2只（约500克），鸡蛋1个，脆浆粉（市售炸鸡预拌粉皆可）1大匙，水适量，食用油5杯

调味料
牛油、盐、鸡精各少许，水淀粉2小匙

腌料
葱段、姜片各40克，糖、米酒、鸡精各1小匙，盐适量

做法

1. 鸡腿洗净，以刀切断筋络，加入腌料拌匀，腌约30分钟至完全入味，取出；用脆浆粉、鸡蛋及水调匀成面糊，放入腌好的鸡腿蘸裹均匀，取出。
2. 锅中倒入5杯食用油，以中火加热至150℃，放入鸡腿炸至定型，转小火继续炸约4分钟，最后转中火再炸约1分钟，至表面呈金黄色即可捞出，沥油。
3. 锅洗净，放入牛油烧热，再加入盐、鸡精及4大匙水煮沸，淋入水淀粉勾芡，淋在鸡腿上即可，盘后可放上西红柿片和欧芹装饰。

小贴士

炸鸡腿的诀窍

基本烹调流程：洗净→剁块→拌腌料→调粉糊→蘸裹炸衣→下锅炸酥。

油温：150℃→120℃→150℃。火力：中火→小火→中火。时间：5秒→4分钟→1分钟。

怎样让鸡胸肉口感不干硬？

1. 腌过的鸡胸肉会吸水，吃起来比较嫩，腌渍时搅拌一下，也能使鸡胸肉软化，吃起来不硬。

2. 用炒的方式处理鸡胸肉时，肉要切薄片，这样才能让鸡胸肉均匀受热；炒的时候要用中火，当鸡胸肉的表面变白，再炒约1分钟即可起锅。

经典美食　芝麻豆腐乳鸡片

材料
鸡胸肉1块（约400克），豆腐乳2块，黄瓜丝适量

腌料
酱油、淀粉各1小匙，鸡蛋1个，大蒜末适量

调味料
酱油膏、糖、芝麻酱各1大匙，辣油、香油各1小匙

做法
1. 鸡胸肉切成片，加入腌料抓匀，腌10分钟。
2. 将豆腐乳与所有调味料均匀搅拌成酱汁。
3. 将步骤1的鸡胸肉片取出氽烫，捞出放在铺有黄瓜丝的盘中，淋上酱汁即可。

小贴士

腌渍让鸡胸肉口感更嫩

以250克的鸡胸肉为例，按酱油、糖与淀粉各1小匙的比例调成腌料，将鸡胸肉腌渍约10分钟，让腌料入味并使鸡胸肉吸水，口感会更鲜嫩。

怎样炸出酥脆的日式炸鸡？

1. 以肉锤或刀背拍松鸡肉，这样可破坏鸡肉的结实筋络，让肉质入口更柔软，同时也能使鸡肉充分吸收酱汁，缩短油炸的时间，避免鸡肉炸得过干，失去鲜嫩口感。
2. 腌渍时以手搓揉鸡肉，让腌料和鸡肉充分混合，腌渍20～30分钟。
3. 用纸巾吸干腌汁后充分蘸裹炸粉，将多余的粉拍掉，再下锅油炸。
4. 入锅时用筷子按住鸡肉，炸至金黄色时将鸡肉翻面，让肉熟透，待两面都炸至金黄色时，再以大火炸30秒即可。

 基本信息

 鸡胸肉挑选要诀

　　常见的鸡胸肉多指不带骨和皮的鸡胸脯肉，鸡胸肉肉质嫩、不带筋，挑选时，以颜色淡白有光泽者为佳。

 鸡胸肉变化菜肴

　　脆皮鸡排、香辣鸡排、蜜汁鸡排等。

 鸡胸肉营养功效

　　鸡胸肉所含消化酶容易被人体吸收利用，脂肪含量不多，多为不饱和脂肪酸，较不容易造成动脉硬化，适合体质虚弱者及病后或产后需补充营养者食用，也是老年人、心血管疾病患者适合的蛋白质摄取来源之一。

经典美食 日式脆皮鸡排

材料

鸡胸排1副（约400克），低筋面粉、面包粉各2大匙，鸡蛋1个，食用油3杯，清水适量

腌料

葱段、姜片各30克，深色酱油、米酒各1小匙，鸡精适量

做法

1. 鸡胸排洗净，拍松，加入腌料拌匀，腌渍20～25分钟至完全入味，取出，两面拍上少许低筋面粉备用。

2. 将剩余的低筋面粉放入碗中，打入鸡蛋，加入适量清水调匀成面糊，将鸡胸放入面糊中蘸裹均匀，取出，再将其两面均匀蘸上面包粉。

3. 锅中倒入3杯食用油，以中火加热至150℃，放入鸡胸排炸5秒，转小火，继续炸约3分钟，最后转中火再炸1分钟，捞出沥油，放在铺有白菜叶的盘中，可放上洗净的欧芹、柠檬片、金针菇装饰。

小贴士

日式脆皮鸡排烹饪诀窍

炸鸡的流程：洗净→拍松→拌腌料→蘸粉→调面糊→蘸裹炸衣→下锅油炸。

油温：150℃→130℃→150℃。

火力：中火→小火→中火。

时间：5秒→3分钟→1分钟。

 活用技法：西炸

日式脆皮鸡排使用的西炸技法，是先将主要材料处理好后，用腌料腌拌入味，并依序蘸裹面粉、蛋液或面糊，最后蘸上面包粉，再放入油锅中炸熟的一种技法。

怎样去除鸡肉的腥味？

1. 用米酒淋在鸡肉上，腌15分钟，就可去腥。
2. 用萝卜汁混合米酒，冲洗鸡肉块，也可去除腥味。
3. 先用冷水洗净鸡肉，再用柠檬片擦拭鸡肉表面，即可去除腥味。若是大块的鸡肉，可将柠檬汁浇在肉块上。
4. 啤酒可增加鸡肉的香味，也可去腥。烹煮前以啤酒腌渍鸡肉约10分钟，啤酒与鸡肉的比例是1∶5，腌过的鸡肉调味后再烧煮，肉质会更细嫩柔滑。

经典美食　啤酒烧鸡

材料

鸡腿2只，罐装啤酒1/2罐，葱、红辣椒各2根，熟笋片50克，食用油1大匙

调味料

A料：鸡精1/3小匙，糖1/2小匙，酱油1大匙，水1杯

B料：水淀粉1大匙

做法

1. 葱、红辣椒均洗净，切段；鸡腿洗净，切块。
2. 锅中倒入1大匙食用油烧热，放入葱段及红辣椒段爆香，加入鸡腿块、熟笋片及A料煮沸，改小火继续煮5分钟。
3. 加入啤酒以小火烧至汤汁剩下一半，加入B料勾芡后即可。

小贴士

快炒鸡肉的诀窍

　　鸡肉炒得鲜嫩的两大秘诀在于鸡肉的腌拌及过油。在下锅炒之前最好加入适量的调味料及水抓拌，让鸡肉吸收水分，炒时便会鲜嫩多汁。再经过大火过油，便可迅速封住鸡肉的鲜美原味。

怎样快速制作鸡丝？

1. 最好选用带骨鸡胸肉，蒸熟后再去骨，撕成丝。若选用去骨的鸡胸肉，鸡肉受热后会过度紧缩脱水，不含肉汁的鸡丝吃起来干涩、口感差。
2. 使用微波炉就能快速制作鸡丝。先将鸡胸肉洗净，再用叉子在鸡胸肉的两面戳刺几下，抹上盐和酒，这样做比较容易入味；将准备好的鸡胸肉放入微波炉，加热3分钟后翻面再加热2分钟左右，放凉后就可制作鸡丝了。
3. 鸡胸肉放入沸水氽烫时，加入1~2小匙盐，使鸡胸肉带点咸味，烫熟后马上捞出，以免肉变硬且脱水，这样放凉后撕好的鸡丝会比较入味。

经典美食 **鸡丝拉皮**

材料

鸡胸肉200克，干粉皮1张，小黄瓜2根

调味料

芝麻酱、酱油各3大匙，芥末酱2大匙，白醋、香油各1大匙，糖1/2大匙

做法

1. 干粉皮放入沸水中煮至软，捞出沥干，待凉，以手撕成小片备用。
2. 鸡胸肉洗净，烫熟，捞出沥干，待凉撕成丝。
3. 小黄瓜洗净，切成细丝，放入碗中，加入其他材料，加调味料拌匀即可，盛盘后可放上洗净的香菜装饰。

小贴士

鸡胸肉冷藏前要吸干水分

　　未处理的鸡胸肉洗净后用纸巾把水分吸干，平整地放入密封袋封紧，置入金属盘中冷冻，可保存约2周。

怎样避免三杯鸡又苦又咸?

1. 香油炒太久会出现苦味,可以用一半香油一半食用油爆香,可缩短爆香香油的时间。
2. 鸡肉先用大火爆香,再改成中火慢煮,至汤汁快收干时再转成小火,并加入罗勒叶增加香味,这样汤汁才能又浓又香。
3. 为避免咸味过重,酱油和水合成一杯时,最好按1∶3的比例,汤汁才不至于越煮越咸,影响口感。

经典美食

三杯鸡

材料
大土鸡腿1个(约300克),大蒜6瓣,老姜1块,红辣椒1个,葱2根,罗勒叶1把
调味料
蚝油2大匙,糖1大匙,米酒、黑香油各100毫升
做法
1. 大土鸡腿洗净,切大块;老姜、红辣椒均洗净,切片;葱洗净,切段;大蒜去皮;罗勒叶洗净备用。
2. 锅中加入黑香油,放入老姜片、大蒜、红辣椒片、葱白段爆香。
3. 加入鸡腿块炒香后,倒入米酒再炒数下,加入蚝油、糖烧至汤汁快收干时,加入葱绿段、罗勒叶拌炒数下即可。

小贴士

中火烧热香油避免苦味

　　三杯鸡的味道主要来自香油的香与姜片的辛,所以要先将这两样材料在锅中炒出味道才够味。烧热香油时要以中火慢烧,否则香油过热会产生苦味。香油烧热后加入姜片慢慢翻炒,炒至微焦黄即可。

怎样预防勾芡结块?

1. 若食材先炸过，炒配菜时就不要加太多的油，否则油粉分离会造成勾芡结块，勾芡的芡汁一定要充分融合，下锅前再搅拌一次，才能避免芡汁中有粉块，造成勾芡结块。
2. 可用尖嘴的量杯将芡汁均匀倒入锅中，或者利用筷子让芡汁顺着筷子而下，不断搅拌可预防结块。
3. 倒入芡汁前，菜肴要先调好味，否则调味料无法被充分吸收。

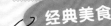 经典美食　　柠檬鸡片

材料

鸡胸肉375克，水蜜桃2块，柠檬1/2个，食用油适量

调味料

A料：鸡蛋1个（取蛋清），鸡精1/3小匙，淀粉1/2大匙，食用油1大匙，白胡椒粉、盐各少许

B料：柠檬汁、芥末酱各3大匙，蜂蜜6大匙，糖3小匙

C料：香油1小匙

做法

1. 水蜜桃切成四等份，每块切数刀但不切断，摆入盘中；柠檬洗净，取果皮，切丝备用。
2. 鸡胸肉洗净，切片，放入碗中，加入A料腌渍约10分钟，待入味时捞出，放入热油锅中炸至金黄色，捞出，沥干油分备用。
3. 锅中放入B料烧热，制成柠檬酱，放入鸡胸肉片快速拌匀，捞出前撒上C料，盛入盘中，均匀撒上柠檬皮丝即可。

小贴士

柠檬酱的使用及保存

柠檬酱宜冷宜热，可蘸食生菜沙拉、海鲜，也可拌炒；自制柠檬酱在常温下可保存5天，冷藏则可保存1个月。

勾芡让食材更入味

勾芡可使调味料的味道包裹住原料，让菜色更美观，但若勾芡不当产生结块，不但会造成调味不均，也会影响食物的成色。

怎样避免红烧鸡腿紧缩变形？

　　鸡腿肉有许多白筋，烹调时容易紧缩变形，因此烹调前最好先用刀将鸡腿肉剁开，切块后再腌渍或烹调，这样就不会因为白筋没有切断而导致鸡腿紧缩变形，炒好的鸡块也会更具嚼劲。

 经典美食

栗子烧鸡腿

材料
鸡腿1个（约250克），去皮栗子200克，大蒜10瓣，葱2根，红辣椒1个，食用油1大匙

调味料
酱油、蚝油、糖、米酒各1小匙，胡椒粉1/2小匙

做法
1. 鸡腿洗净，切成小块；去皮栗子泡热水，去残渣；大蒜去头尾，去皮；红辣椒、葱均洗净，切段。
2. 炒锅烧热，加入1大匙食用油，下鸡腿块炒香，放入大蒜、葱段、红辣椒段爆炒，再加入所有调味料与栗子焖烧至熟即可。

小贴士

栗子可先以热水浸泡再挑去栗壳

　　栗子的缝隙中常留有栗壳的残渣，可先以热水浸泡，再以牙签剔除，这样口感会更好。

第四章 牛、羊肉类

[图解牛的食用部位]

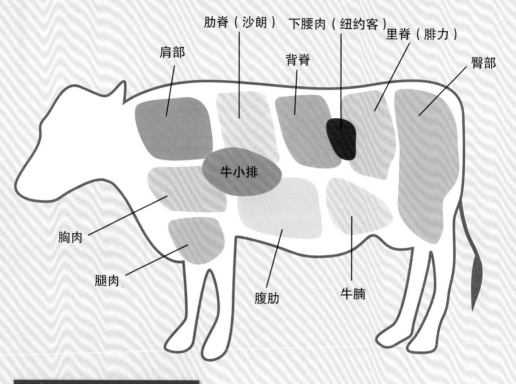

肩部
肋脊（沙朗）
背脊
下腰肉（纽约客）
里脊（腓力）
臀部
牛小排
胸肉
腿肉
腹肋
牛腩

小贴士

牛的各部位适合的烹煮方式

肩部：炖、红烧、烤
肋脊：烤、炸、煎
背脊：烤、炸、煎
里脊：煎、炸、炒
臀部：烤、炖
胸肉：慢煮
腿肉：慢煮
腹肋：炖、烤
牛腩：烤、炖
牛小排：煎、烤

牛肉切法

切丝

切片

[判断牛肉熟度的方法]

以两厘米厚的牛肉为例。

三分熟：中火，一面煎5秒，仅有表面微熟。

五分熟：中火，一面煎15秒，熟度稍深入肉里。

七分熟：中火，一面煎20秒，几乎快熟了，肉呈淡粉红色，但肉的中心处未熟。

全　熟：中火，一面煎30秒，整块肉从内到外均熟透。

三分熟　　　　　　五分熟　　　　　　七分熟　　　　　　全熟

也可以用拇指掐其余指头时拇指下肌肉的柔软度来判断。

五分熟：拇指掐住食指时，拇指下肌肉的柔软度约为五分熟。

七分熟：拇指掐住中指时，拇指下肌肉的柔软度约为七分熟。

八分熟：拇指掐住无名指时，拇指下肌肉的柔软度约为八分熟。

九分熟：拇指掐住小拇指时，拇指下肌肉的柔软度约为九分熟。当牛肉呈现这种柔软度时，通常
　　　　有点硬，口感较差。

五分熟　　　　　　七分熟　　　　　　八分熟　　　　　　九分熟

[纽约客、腓力、沙朗的区别]

纽约客：牛的下腰肉，这个部位的运动量最大，
　　　　肉质较粗，但有嚼劲。

腓力：牛的里脊肉，口感最嫩，油花最少，肉汁也较少。

沙朗：牛的肋脊肉，肉质纤维较粗，略带嫩筋，
　　　油花丰富，香甜多汁。

怎样炒出滑嫩可口的牛肉丝？

1. 将牛肉洗净放在冷冻室，冰至八分硬度后取出，逆纹路切成牛肉丝，放置5~10分钟后，用酱油、姜片、调味料腌渍一下，临下锅时再拌入蛋黄、食用油、酒、淀粉抓拌。

2. 腌牛肉丝时拌入1小匙食用油，炒牛肉丝时油要多，用中小火炒，要一直翻动，让每一根牛肉丝都均匀受热，如此牛肉丝才不会粘成一团，或者外表干焦而内里不熟。

3. 牛肉丝炒到七分熟时盛起，如此便会滑嫩好吃。

基本信息

牛肉挑选要诀
选购牛肉时以色泽鲜红、没有异味、有弹性者为佳。

牛肉营养功效
牛肉的营养价值很高，含有丰富的蛋白质、脂肪、维生素和矿物质，身体虚弱、营养不良者宜多吃；牛肉还含有易被人体吸收的铁，适合贫血、头昏目眩的患者及产妇、运动员、体力消耗大的劳动者食用。

牛肉变化菜肴
青椒牛肉、芥蓝牛肉、韭黄炒牛肉、空心菜炒牛肉、酱炒牛肉、酸菜炒牛肉。

活用技法：生炒
采用生炒的烹饪法时，由于翻炒速度快、加热时间短，因此食材必须切成丝、丁或片状，才能在短时间内均匀吸收调味酱的风味。

经典美食 牛肉炒干丝

材料

牛里脊肉400克，干丝150克，葱1根，姜2片，大蒜2瓣，红辣椒1个，食用油适量

调味料

A料：米酒、淀粉各1大匙，酱油1小匙

B料：糖、盐各1小匙

做法

1. 干丝洗净，用温水泡软；牛里脊肉逆纹切丝，放入碗中，加A料腌拌；大蒜去皮，切末；葱、红辣椒去蒂，与姜均洗净，切末备用。

2. 锅中倒入1杯食用油烧热，放入腌拌好的牛肉丝，用筷子搅散，以大火过油至牛肉七分熟时，盛出沥干油分。

3. 另一锅中倒入2小匙食用油烧热，放入姜末、大蒜末、红辣椒末爆香，加入干丝炒熟，再加入牛肉丝大火拌炒，最后加入B料炒匀，起锅前撒入葱末即可。

小贴士

干丝挑选要诀

挑选干丝时要注意干丝是否条理分明、形状完整，以干丝表面干爽、富弹性、不出水者为佳。黄干丝是将白干丝放入含有五香料及焦糖的卤汁中卤制而成的，与五香豆干味道接近，香味醇厚；白干丝则味道较淡，适合煮汤与凉拌。

逆纹切的牛肉丝易消化

逆纹切适用于肉质纤维粗、结缔组织较多的肉类，逆切后的肉类较易熟、口感好，利于消化吸收。顺切适用于质地细嫩、易碎、含水量多、结缔组织较少的原料，如猪里脊、鸡胸肉、鱼肉，顺切加热烹煮后，较易保持菜肴的形状。

怎样更快炖出软嫩的牛肉？

1. 牛肉用小苏打腌渍一下再炖；或者每500克牛肉加入1小匙姜汁，放置1小时后再烹调，烹调时加入姜片；或者放点酒或醋，1000克牛肉放2~3小匙酒或1~2小匙醋，可使牛肉口感更软嫩。
2. 炖牛肉时要用热水，热水可以使牛肉表面的蛋白质迅速凝固，封住肉的鲜味，使牛肉中的氨基酸不外渗。等水烧开后，揭开锅盖炖煮20分钟去除腥气后，转小火慢炖，肉质才会鲜嫩。

 基本信息

 牛腩挑选、保存要诀

　　新鲜的牛腩，色泽应呈暗红色或暗紫色，而脂肪部分为纯白色，靠近能闻到清淡的牛肉香味，用手轻轻按压，带有弹性、没有出水现象，便可以放心购买回家。

　　牛腩买回家后切成2厘米厚的片，放在金属浅盘中以保鲜膜封好，放入冰箱冷藏，可保存3~4天；若放进急速冷冻室则可保存1个月。将牛腩切片加入洋葱，倒进食用油调味后冷藏，则可以保存约1周，且肉质柔润不干涩。

牛腩变化菜肴

　　清炖牛腩、咖喱牛腩、葱烧牛腩、匈牙利牛腩。

 牛腩营养功效

　　牛腩比猪肉含有更多的铁元素，也是蛋白质的良好来源之一，对改善贫血、增强抵抗力大有帮助。

红烧牛腩

材料

牛腩600克，胡萝卜200克，白萝卜200克，葱2根，姜15克，八角2颗，红辣椒1个，食用油2大匙，水2杯

调味料

A料：黄砂糖2大匙

B料：酱油4大匙，白胡椒粉、米酒各1小匙

做法

1. 牛腩切块，放入沸水中氽烫去血水，捞出，沥干水分；葱洗净，切段；姜去皮，切片；红辣椒洗净，切斜片；胡萝卜、白萝卜分别去皮，洗净，切块。

2. 锅中倒入2大匙食用油烧热，加入A料，炒至黄砂糖熔化；加入牛腩块炒匀，再加入葱段、姜片及B料，将牛腩块炒至五分熟。

3. 将牛腩块移入深锅，倒入2杯水，以大火煮开，再转小火，加入八角、红辣椒片、胡萝卜块、白萝卜块，煮至牛腩块熟烂即可，盛碗后可放上洗净的香菜装饰。

小贴士

加冰糖煮牛肉肉质更软

炖煮牛肉的过程中可以加入冰糖，这样会让牛肉颜色光亮，也可软化肉质。

牛腩炒过再煮风味更好

牛腩氽烫过后，不妨放入锅中炒到五六分熟，再加水和调味料直接炖煮，或者移入砂锅或陶锅炖煮时，便会比较容易烂，且能保持它的原味。

 ## 活用技法：炖煮

不同食材一起炖煮时，因各种食材煮至软烂所需的时间不同，所以不易煮烂的食材一定要先煮，如肉类要先氽烫、去血水之后捞出，锅中重新加入清水煮沸后再加入，这样煮出的汤汁才不会混浊。待肉类煮至恰当的熟度时再加入其他配菜，最后加调味料，这样可避免材料软烂程度不一。

冰牛肉可以直接过油吗?

1. 如果时间紧急，可以把腌拌过的冰凉肉料直接下锅过油，但是油温要高一点，或者在腌拌肉料时加一点冷油一起搅拌，这样可避免冰冷肉料一下油锅，肉身上的粉料脱落而黏成一团，影响口感。
2. 牛肉过油时，油量要多，火要大，搅拌速度要快，过油1分钟左右即可熄火，且要沥干油，否则牛肉的肉质很快就会变老。

 经典美食

黑胡椒牛柳

材料

牛肉300克，洋葱、青椒各1/2个，红辣椒1个，食用油适量

调味料

A料：酱油1大匙，淀粉、香油、鸡精各1小匙，米酒2小匙，小苏打粉1/2小匙

B料：黑胡椒粒、盐、鸡精各1/2小匙，水淀粉1小匙，米酒1大匙

做法

1. 洋葱去皮，切丝；青椒、红辣椒均去蒂及籽，洗净，切长条。
2. 牛肉切条，加入A料抓拌均匀并腌15分钟，再放入温油锅中略过油后，捞出，沥干油备用。
3. 锅中倒入少许食用油烧热，爆香洋葱丝后，放入牛肉条及其他材料拌炒一下，加入B料炒至入味即可。

小贴士

黑胡椒牛柳烹饪技巧

想要黑胡椒牛柳滑嫩顺口，须先将牛肉放入温油锅中烫至七分熟，避免直接投入热油中，以免牛肉变老。烹调时用牛油代替色拉油爆香洋葱，口味香浓又鲜嫩入味。

烹饪前用冷水解冻

牛肉在急冻过程中，纤维中的蛋白质及肉汁会形成结晶体，因此冰箱里的牛肉拿出来烹调前，要先把牛肉连袋子一起泡入冷水中解冻，这样才可以恢复牛肉的鲜嫩口感。

怎样卤出软硬适中的牛腱?

1. 先将牛腱汆烫,再用热油锅爆香葱段、姜片、红辣椒片、大蒜片,再淋上米酒或红酒,加少许水、酱油、盐、冰糖、牛腱、卤料包,用大火煮沸后,改用小火焖煮约90分钟。
2. 焖煮过程中不要掀开锅盖,待牛腱冷却后先取出卤包,将牛腱放入冰箱冷藏一夜,隔天再拿出来切片,这样就可以吃到软硬适中又入味的卤牛腱了。

经典美食　卤牛腱

材料
牛腱1000克,西芹200克,大蒜4瓣,红辣椒2个,洋葱1个,老姜10片,清水3500毫升,食用油适量

卤料
八角2颗,月桂叶2片,肉桂适量,丁香10个,花椒15粒

调味料
酱油500毫升,冰糖1大匙,米酒200毫升,豆瓣酱4大匙

做法

1. 西芹洗净,切大块;大蒜去皮,拍碎;红辣椒洗净,去蒂切段;洋葱去皮,切块。
2. 牛腱切块,汆烫去除血水,洗净;卤料装入纱布袋中封紧。
3. 锅中倒入适量食用油烧热,放入老姜片煸干,再倒入3500毫升清水,加入牛腱、其他材料、卤料包及调味料煮开,改小火卤制约1小时至牛肉熟烂时捞出,切片后装在铺有生菜的盘中即可,可放上葱丝和红椒丝装饰。

小贴士

小火慢卤才入味

　　汆烫去腥后,将牛肉放入调好的卤汁中,以小火慢煮,这样能使卤汁完全渗入牛肉,卤出的成品更入味。因牛肉遇热会收缩,释出血水,故牛腱要提前汆烫后再入锅卤煮,这样菜品外观会比较干净。

怎样做出蛋滑肉嫩的滑蛋牛肉？

1. 牛肉要逆纹切薄片，以水淀粉或蛋清抓拌一下，滑炒前一定要过油，再加入滑蛋，打蛋时不可加水。
2. 滑蛋牛肉讲究的是蛋液凝而不结，入口还有滑动的感觉。蛋液入锅后，将锅铲快速顺同一方向绕圈搅拌，可避免蛋液凝结成块，直至蛋液炒成黏稠状即可。

 经典美食

滑蛋牛肉

材料

牛肉150克，鸡蛋3个，葱末1大匙，食用油3大匙

调味料

A料：糖、嫩肉粉、酒各1/2小匙，水淀粉1大匙，胡椒粉少许

B料：盐适量

做法

1. 牛肉切片，放入碗中，加入A料拌匀，腌约10分钟。
2. 鸡蛋打散，加入B料拌匀。
3. 锅中倒入3大匙食用油烧热，放入牛肉片，翻炒数下，加入蛋液，炒至蛋液呈半凝固状时熄火，盛起并撒上葱末即可，装盘时可放上洗净的香菜装饰。

小贴士

调味料可去腥增色

炒牛肉片时通常会搭配一些味道较重的调味料或酱料，如酱油、豆瓣酱、沙茶酱等，这样可以去除牛肉的腥味，让菜品味道更好。

怎样避免煎出干硬的汉堡肉？

1. 牛肉本身缺乏油脂，因此在做汉堡肉时要添加一些猪肉一起搅拌，这样吃起来口感才不会过于干涩。
2. 如果怕太过油腻，可加一些洋葱末来解腻，还可使汉堡肉的口感更富层次和变化。
3. 用手抓拌汉堡肉时，手的温度可将油脂溶解，做出来的成品味道更浓郁。用手将汉堡肉在案板上摔打数下，可使成品更有弹性。

经典美食 　　## 煎汉堡肉

材料
牛肉末200克，鸡蛋1个，猪肥肉50克，食用油适量
调味料
酱油、盐、糖各1小匙，米酒、胡椒粉、淀粉各2大匙
做法
1. 鸡蛋敲出适当宽的裂缝，滤出蛋清至碗中。
2. 猪肥肉洗净沥干，与牛肉末一起剁碎成泥。
3. 将肉泥放入碗中，加入调味料及蛋清拌匀并摔打出弹性。
4. 捏出适当大小的肉丸，在案板上摔打数次，放入温油锅中煎至金黄，根据个人喜好摆盘装饰即可。

小贴士

蛋清增加汉堡肉嫩度

　　牛肉泥在抓拌的过程中会吸收水分，因此搅拌时加入适量水，并加一些蛋清，可让牛肉的口感更加滑嫩。

肉汁透明就起锅

　　煎汉堡肉时，可用竹签刺入汉堡肉的中心部分，如果流出的肉汁为透明状，即表示肉已经熟透，要及时盛出，以免煎得过久，使肉质老硬。

怎样煎出焦香多汁的牛排?

1. 先用嫩肉粉、小苏打或洋葱泥腌渍牛排,腌渍30分钟左右即可下锅煎,这样会让牛肉口感软嫩;但切记不可腌渍过久,否则煎出来的牛排就会太软烂,口感欠佳。
2. 煎牛排一定要用平底锅,要热锅热油,不宜加太多油。
3. 牛排下锅后先用大火,第一面煎久些,到适当的熟度后再翻面,翻面后改中小火略煎一下,不要反复翻动,以免肉汁流失。
4. 锅的余温也会使牛排变老,因此,煎牛排时,在达到想要的熟度之前要先熄火,利用锅的余温继续加热,才不会让牛排过老。

基本信息

牛排挑选要诀

选择樱桃红色的牛排,用手指按一下,肉质会有弹性;通常美国牛排应有白色的大理石纹状的脂肪,而澳洲牛排则偏黄色;注意包装袋是否确实够冷且无破洞、无撕裂、无过多的血水。

牛排熟度判断

不同熟度的牛排口感不同,可以用触感来分辨牛排的熟度:生煎的牛排触感像脸颊一样柔软;五分熟的牛排触感像耳朵;全熟的牛排就像鼻头的硬度一样。

牛排的熟度也可以肉汁的颜色来判断:肉汁尚未渗出时为生煎;渗出的肉汁是红色即为五分熟;若肉汁是粉红色,就表示全熟了。

常吃的牛排种类

腓力牛排:牛排中最嫩的部分,瘦肉较多。

沙朗牛排:无骨,是牛肋脊肉,肉质细嫩度、脂肪含量次于腓力,吃起来不干涩。

纽约客牛排:带骨,肉质较粗,嚼劲足。

肋眼牛排:喜欢肉嫩且肥的人可选择。

丁骨牛排:烤是最佳烹调方式。

牛小排:肉结实,脂肪含量较高,适合烧烤,如炭烤牛小排及串烧。

经典美食

煎牛小排

材料

牛小排400克，洋葱1/2个，大蒜3瓣，食用油1大匙

调味料

A料：米酒、酱油各1大匙，淀粉1/2小匙

B料：蚝油2大匙，黑胡椒、糖各1小匙，红酒1大匙

做法

1. 牛小排切块，放入碗中，加入A料拌匀并腌10分钟。
2. 大蒜去皮，切末；洋葱去皮，洗净，切丝。
3. 锅中倒入1大匙食用油烧热，放入牛小排块煎至两面金黄，盛出。
4. 在油锅中放入洋葱丝、大蒜末炒至熟软，再加入B料以大火炒匀，最后加入牛小排块炒匀，根据个人喜好摆盘装饰即可。

小贴士

红酒腌肉会使肉质较软

　　煎牛排之前，用刀背敲打肉片，这样可以敲断肌肉细小筋络，煎出来的牛排才会嫩而不硬，腌料中加一些红酒，红酒中的酸可以使牛小排煎后肉质不硬。

过熟牛排的补救方法

　　牛排煎得过熟时加少量红酒，略烧一下再熄火，就可以保持原味，也不会变得干涩；万一牛排肉质老硬，可先将洋葱、胡萝卜、西芹叶剁碎，泡在食用油里，再将牛肉放入其中腌2~3小时，这样煎出来的牛排就会鲜嫩无比。

活用技法：煎

　　用煎的方式烹调出来的菜肴，最大的特色是外皮香酥、内里软嫩，且不带汤汁。最好挑选质地软嫩的材料，在下锅煎之前，必须适当调味或腌渍，让材料入味，也可以将食材均匀蘸上蛋糊、面糊或面包粉，煎锅一定要够热再加油，而且要等到油温够热才可以放入材料，否则材料一入油锅，油温下降，很容易发生粘锅的情况，不但影响美观，而且会破坏食物的口感。

怎样去除羊肉的膻味?

1. 羊肉膻味重,在沸水中加入数滴白醋,放入羊肉汆烫,捞出后再继续烹调,或者在水中放入米酒再汆烫羊肉,可有效去除膻味。
2. 将切好的羊肉用牛奶浸泡10分钟,也可去除膻味。

经典美食 **家常羊肉炉**

材料

羊腩500克,水6杯

调味料

味精、盐各1大匙

卤料

玉桂皮1块,草果2粒,当归3片,川芎100克,陈皮25克,八角2粒,玉桂叶3片,酒1碗,白豆乳1/4罐,香油1大匙,冰糖50克

做法

1. 羊腩洗净,切块,用沸水汆烫后备用。
2. 羊腩块、卤料、水与调味料一起放入锅中,用小火熬至烂熟即可。
3. 炖煮时可依喜好随意加入其他材料,如山药、白菜、胡萝卜、冻豆腐等,但记得要随时捞出浮沫,以保持汤汁的清澈,可放上葱丝装饰。

小贴士

香草蘸酱风味佳

羊肉炉做好后,可以蘸食由豆腐乳、甜辣酱、辣椒酱调成的蘸酱,分量可以自行把握,加上新鲜罗勒、欧芹、鼠尾草等风味更佳。

羊肉营养功效

羊肉食性温热,含有丰富的铁,对肺病、贫血患者,以及体质虚弱者非常有益,适宜冬季进补食用,尤其适合年老身体虚弱、冬天手足不温者,可补养气血、增强抵抗力及抗寒能力。凡在流行性感冒、急性肠炎、痢疾,以及一切感染性疾病发热期间,忌食羊肉;高血压患者中平常肝火偏旺、虚火上升之人,亦忌食羊肉。

第五章 蔬菜类

[蔬菜刀切技巧]

垂直切

1. 手握住刀柄，食指扣住刀柄与刀背处。

2. 手指微微向内弯成猫爪状，刀背贴住手指关节往下切。手指往后移动的距离，决定切的厚度。

横切

水平握刀，握刀的大拇指压住刀背，另一只手压住食材上方平行切过去。

小贴士

怎样分辨何时垂直切，何时横切?

垂直切适合切笋、白菜、萝卜等无骨和较脆的食材；横切适合切较为松软的食材。

切片

1. 将食材切成适当大小的块。
2. 一只手握成猫爪状，一只手握刀垂直切下。
3. 也可以横切。

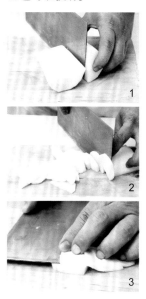

切末

1. 切成片或小丁。
2. 将片或小丁聚集一起，刀口落点密集地来回剁。

切条

1. 切厚片。
2. 将片切成宽度与厚度一样的条状。

切丝

1. 切成薄片，再将薄片摊开。
2. 手指以猫爪状压住薄片，另一只手下刀切丝。

切滚刀块

    一只手握住食材，刀口斜切，每切一刀，另一只手就将食材滚一下。

蔬菜应该用冷水煮还是热水煮？

1. 根茎类：胡萝卜、白萝卜等较硬的食材，以及土豆、红薯等富含淀粉的食材，都要放入冷水中煮，才能煮出甜味且煮软。煮绿竹笋时，可在冷水中先加入米糠和辣椒，这样更容易除去外壳。将食材切小一点，会熟得比较快。
2. 叶菜类：叶菜是比较容易熟的食材，煮得太久会变黄、口感不好、流失养分，可直接在水沸后加入少许盐，再放入蔬菜，这样可以保持翠绿色泽。

基本信息

蔬菜烫煮时间不宜过久

　　烫煮蔬菜时要注意控制时间，烫煮时间不能过久，汆烫后要马上捞出放入冷水中降温，这样才能保持蔬菜的鲜度。烫好的蔬菜加点香油或猪油之类的熟油，可保持蔬菜的鲜绿色泽，又能隔绝空气，避免氧化，从而减少维生素C的流失。

西蓝花变化菜肴

　　西蓝花炒墨鱼、蒜炒西蓝花、蚝油西蓝花、干贝炒西蓝花。

西蓝花挑选、清洗、保存要诀

　　西蓝花要选择呈深绿色、花蕾没有开花、切口新鲜、没有裂开者，清洗时先在盐水中浸泡5分钟，再在流水下冲洗。西蓝花放在常温下容易开花，可装入保鲜袋，直立放在冰箱的冷藏室中保存，但不宜放，以免营养和风味流失。

西蓝花营养功效

　　西蓝花含有丰富的维生素C、胡萝卜素、维生素B$_2$、钾和钙等，可以保持皮肤的健康，预防感冒，消除黑斑、雀斑，有一定的美白效果，还可以预防动脉硬化、心脏病等疾病。西蓝花含有丰富的膳食纤维，可以维持人体正常的血糖水平，同时，由于西蓝花含有促进胰岛素分泌的成分，故有助于改善糖尿病症状，降低血压、预防感冒。

经典美食

防癌五色蔬

材料

西蓝花100克，花菜30克，玉米笋50克，鲜香菇6～8朵，红甜椒1个

调味料

盐1小匙，味酥1大匙，水果醋2大匙，橄榄油少许

做法

1. 西蓝花、花菜均洗净，切成小朵；玉米笋洗净，切半；鲜香菇洗净；红甜椒洗净，去蒂及籽，切块备用。
2. 锅中倒入半锅水煮沸，分别放入花菜、西蓝花、玉米笋、鲜香菇及红甜椒块氽烫至熟，捞出沥干，盛入大碗中。
3. 将调味料充分搅拌均匀，再倒入盘中与所有材料拌匀即可。

小贴士

烹煮十字花科蔬菜的诀窍

　　花菜带有少许涩汁，可以氽烫后再进行后续烹饪，在氽烫时加些醋或柠檬汁，可以使花菜更白。花菜及西蓝花茎中的营养比花菜及西蓝花本身更丰富，故最好连同茎一起食用。烹煮前，将其外皮剥除，再稍微氽烫一下，可避免维生素C流失。

活用技法：氽烫

　　氽烫蔬菜时先加入米酒、食用油和一点盐，可让蔬菜呈现特殊的甘甜口感，并且使其看上去油润有光泽。夏天时，可将烫好的蔬菜放入冰箱冷藏，食用时再取出淋上酱汁即可。基本上各式蔬菜都可以氽烫之后食用，只要烫至颜色翠绿即可捞起，千万不能用生水烫煮，否则很容易导致蔬菜过生或过老。

怎样保持凉拌菜清脆的口感？

1. 凉拌菜最好是现拌现吃，如果有些凉拌菜需先放入冰箱冷藏，则不可加入酱汁，要上桌食用时再加酱汁。一般凉拌菜要在30分钟内食用完毕，因为多数凉拌菜会在室温下持续出水，容易冲淡酱汁且失去清脆口感。
2. 做凉拌菜时，一定要等到食材放凉后再一起拌匀，避免一冷一热造成食材变酸。

 **经典美食**

凉拌菜豆

材料

菜豆300克，大蒜3瓣，红辣椒1个

调味料

食用油、香油各1大匙，盐1小匙

做法

1. 菜豆摘去头、尾，洗净，切成约4厘米长的小段；大蒜去皮，切末；红辣椒去蒂，洗净，切丁。
2. 锅中倒入半锅水煮沸，放入菜豆段烫熟，捞起沥干，盛入盘中，待凉，加入调味料搅拌均匀，撒上大蒜末和红辣椒丁即可。

小贴士

凉拌时先放作料再放盐

食用前再加盐是凉拌菜好吃的秘诀，凉拌菜调味顺序是先加入花椒油、香油、糖、醋等作料，使菜入味、爽口，食用前再放盐，是因为加盐后，凉拌菜中的食材容易出水，时间久了营养会流失，口感也会受影响。

炒菜时该何时放盐？

1. 使用花生油，请先下盐，后放菜，因为花生油中可能含有黄曲霉菌，盐里的碘化物可以去除这种有害物质。
2. 使用动物性油，可先下盐，后放菜，这样可以减少动物油内有机氯的残留。
3. 使用大豆油或菜籽油则要先放菜，后下盐，这样可减少蔬菜中养分的流失。

 经典美食

腐皮炒菠菜

材料

菠菜300克，腐皮1块，大蒜末1小匙，姜2片，食用油1大匙

调味料

米酒、香油各1小匙，盐1/2小匙，清水30毫升

做法

1. 菠菜洗净，切段；腐皮切丝；姜片切成丝。
2. 锅中加入1大匙食用油烧热，爆香大蒜末、姜丝，放入菠菜段、腐皮丝及调味料大火快炒均匀，炒至菜叶软化即可。

小贴士

炒出脆嫩菠菜的秘诀

夏天生产的菠菜，营养只有冬天的一半，因为草酸成分减少了，所以夏天的菠菜可以生吃；炒菠菜时，一定要用大火、热油，这样炒出来才脆嫩；为了避免营养在清洗时流失，蔬菜类一定要洗净后再切。

菠菜营养价值高

菠菜被称为"绿色蔬菜王"，挑选菠菜时，要注意叶片颜色呈深绿色者营养价值更高。菠菜有助于调节血压、预防贫血。菠菜还具有润肠的作用，有助于改善便秘，消除胃肠的燥热，缓解糖尿病患者口渴和排尿困难的症状。

炒蔬菜时怎样保持菜色鲜绿?

1. 炒蔬菜时要用大火热油快速翻炒，尤其是含水分多的蔬菜，更需足够大的火力，这样炒出来的蔬菜才会脆嫩鲜美。
2. 炒制叶菜类的小白菜、空心菜、菠菜、豆苗时，锅中油热后先加点盐，然后放入蔬菜快炒，这样炒出来的菜品可以保持颜色鲜绿。
3. 花果菜类的西蓝花、花菜等，要先把食材洗净，放入加盐的沸水中氽烫，捞起沥干后，再下锅快炒。
4. 若蔬菜为配菜，如青椒等，则要在炒之前先热一锅油，将材料下锅过油，取出沥干油后加入主要材料拌炒，这样可使蔬菜保持鲜绿色泽，并让成菜更加鲜艳美观。

基本信息

芥蓝菜挑选、保存、烹饪要诀

芥蓝菜以叶片饱满、翠绿，没有枯黄茎叶，梗茎幼嫩者为佳；平日保存时可用纸将芥蓝菜包起来，放入有洞的塑料袋内，存放于冰箱的蔬菜室，通常可以保存1周左右，但营养会逐渐流失；烹饪前要将芥蓝菜浸泡在水中5分钟，然后用流水充分冲洗，以免农药残留。

芥蓝菜变化菜肴

芥蓝菜炒牛肉、芥蓝菜扒蟹脚、香油炒芥蓝菜、芥蓝菜炒鱼片。

芥蓝菜营养功效

芥蓝菜属于微凉性的蔬菜，可以帮助缓解因体内虚火上升引起的牙龈肿起、牙龈出血等症状。它含有丰富的钙质，可以缓解失眠症状，预防骨质疏松，促进新陈代谢。

经典美食

蚝油芥蓝菜

材料

芥蓝菜300克，水淀粉、盐各1大匙，食用油1大匙

调味料

蚝油、酱油各1/2大匙，绍兴酒2小匙，香油1小匙，高汤1/2杯

做法

1. 将芥蓝菜摘除老叶，切去硬梗，洗净，切长段备用。
2. 锅中加入半锅水烧沸，加入1大匙盐，放入芥蓝菜段烫熟，捞起沥干，排入盘中。
3. 另起锅，加入1大匙食用油，将调味料煮沸，用水淀粉勾芡，淋在芥蓝菜段上，根据自己的喜好摆盘装饰即可。

小贴士

水沸后加盐和油

　　汆烫芥蓝菜时，如果烫太久，不仅会使叶片变黄，而且容易导致营养流失，可以在水沸腾后，加入少许盐和油，加入芥蓝菜烫一下，迅速捞起，不仅色泽鲜艳，口感也十分清脆。

切好的蔬菜要立即下锅

　　蔬菜含有丰富的水溶性维生素，易由刀口处溶解流失。茎叶类蔬菜含较多水分，如果切得太细小，不仅维生素等营养成分容易从过多的切口流失，还会使蔬菜失去脆嫩的口感，而且在烹调的过程中会产生过多水分，使成菜品相不佳。

活用技法：蔬菜烹调

快火炒法：用大火热油快炒，蔬菜不易变色，营养成分也不易流失。

汆烫法：先将蔬菜汆烫，捞出沥干后，再下锅炒，炒出来的蔬菜即可保持原色。

水煮法：在烧开的水中加入少许盐，再把整棵蔬菜从根部开始放入其中煮，捞出后放入凉开水中冷却，沥干后再炒即可。

花菜烫过后要泡冷水吗?

1. 烫过的花菜不需要再泡冷水,直接取出沥干即可,沥干的过程中,余热会使菜慢慢变熟。如果再次泡冷水,会让花菜的甜味流失,失去清脆口感。
2. 花菜要用加了盐的沸水汆烫,烫到有点硬的状态即可,不需要烫太久。
3. 花菜带有少许涩汁,汆烫时,水中加些醋或柠檬汁,可以使花菜更白。花菜茎中的营养比花菜本身更丰富,可连同茎一起食用。

 **经典美食** 凉拌花菜

材料

花菜250克,胡萝卜50克,红辣椒1个

调味料

醋1大匙,盐1小匙,糖1/2大匙

做法

1. 花菜切小朵,洗净;胡萝卜去皮,洗净,切片;红辣椒去蒂,洗净,切斜段。
2. 锅中倒入半锅水煮沸,放入花菜及胡萝卜片煮熟,捞起沥干,盛入盘中,加入红辣椒段和调味料搅拌均匀即可。

小贴士

烹调花菜前,先用水焯

在烹调花菜前,用水焯一下,再回锅调味,翻炒几下,即可出锅,以减少花菜在锅内的停留时间,保留更多营养。

豆芽菜怎样煮才不会变黑？

豆芽菜变黑是因为水分流失过多，所以买回来的豆芽菜必须先泡水。另外，把根须去掉也可以避免豆芽菜变黑。

 **经典美食**

豆芽菜水煮五花肉

材料

豆芽菜200克，猪五花肉片200克，葱1根，大蒜5瓣，香菜1根，食用油少许，水2杯

调味料

辣豆瓣酱2大匙，辣油、米酒各1大匙，糖、鸡精各1小匙，胡椒粉少许

做法

1. 葱洗净，切末；大蒜去皮，切末；香菜洗净，切段。

2. 炒锅烧热，下少许食用油，放入葱末、大蒜末与辣豆瓣酱爆香，再加入2杯水与其他调味料一起煮沸。

3. 加入猪五花肉片与豆芽菜一起煮熟，起锅前撒上香菜段即可。

小贴士

茎粗肥短壮的豆芽菜口感较脆

不管是绿豆芽还是黄豆芽，均以茎肥短而壮、长4～5厘米、呈乳白色、折断的声音清脆、根部没有腐烂者为佳。如果根部呈透明状，则表示脆度不够。

空心菜怎样炒才不会变黑?

1. 必须先将锅烧热,再倒入油烧至温热后,加入大蒜末爆香,再加盐,然后投入空心菜,以大火迅速炒熟。
2. 若是锅中水量太少,可以加入热水或少量米酒,除可增加风味外,还可避免因温度下降延长炒熟时间,进而导致空心菜颜色变黑。

 经典美食

虾酱炒空心菜

材料

空心菜300克,大蒜末1小匙,红辣椒1个,食用油1大匙

调味料

虾酱1/2大匙,米酒、清水各1大匙,糖、香油各1小匙

做法

1. 空心菜洗净,切段;红辣椒去蒂洗净,剖开去籽切丝。
2. 锅中加入1大匙食用油烧热,爆香大蒜末、红辣椒丝,放入空心菜段及调味料,大火快炒均匀,待菜软化即可。

小贴士

调味料应在菜八分熟时加入

空心菜较涩,可以选择用猪油炒,这样炒起来会特别香,而且猪油还具有软化口感、去除涩味的效果。放油后要用大火快炒,以免菜色变黄,调味料在空心菜炒至八分熟时就要加入,否则待调味料炒匀时菜就过熟了。

空心菜的保健功效

空心菜所含的钾可以调节体内的钠钾平衡,有效降低血压;所含的膳食纤维可以促进胃肠的蠕动,消除因为胃肠不佳而造成的口臭;所含的维生素C可以消除浮肿,养颜美容,有助于降低血液中的胆固醇,减少静脉中血栓的产生。

怎样炒出脆嫩无涩味的菠菜?

1. 除了要大火热油,油要多放一些,还可先在油中加入盐,再放入菠菜,这样菠菜很快就熟,可缩短炒的时间。
2. 起锅前加点料酒,可让菠菜更清脆好吃。
3. 将水烧开后,把菠菜放入开水中氽烫2～3分钟,这样能去除菠菜的草酸与涩味。

 经典美食

炒菠菜

材料

菠菜300克,大蒜3瓣,食用油2大匙,红辣椒1个

调味料

盐、米酒各1大匙

做法

1. 菠菜放入水中洗净,沥干,切成段备用;大蒜去皮,洗净,切片;红辣椒洗净,切末。
2. 锅中倒入2大匙食用油烧热,放入大蒜片、红辣椒末爆香。
3. 加入菠菜段以大火炒熟,加入调味料炒匀即可。

多吃菠菜可预防感冒

菠菜含有丰富的维生素C、β-胡萝卜素和铁等,有助于预防感冒、贫血及高血压。

小贴士

炒不同蔬菜的诀窍

大火快炒的菜多数不必加水,以免菜色变黄,但是,像空心菜、菠菜、苋菜、菜心等绿色蔬菜会吸油,炒菜时要多加点油;萝卜、西蓝花、冬瓜等根茎类或瓜果类蔬菜比较不吸油,炒时就要加点水用小火焖煮,这样口感才不会生硬。

做奶油烤白菜用的面糊时要注意什么?

1. 奶油烤白菜的面糊要用面粉炒，而炒面粉的技巧在于将干锅烧热后放入奶油烧热，再加入面粉，用小火耐心地炒香，千万不可炒焦，再加入鲜奶及高汤稍煮，让汤汁慢慢变浓，这种勾芡法会使菜肴充满奶油香。

2. 避免面糊结块：在高汤和面糊混匀时，应徐徐地将高汤加入面糊，先把一部分汤和面糊拌匀后，再加入一点高汤，如此就能避免汤中出现结块。

3. 面糊的浓度直接影响吃起来的口感，面糊炒得太稀，就再调一些比例为1∶1的面粉水，直接加入面糊内再炒。如果喜欢黏稠一点的口感，可以先将1大匙奶油炒热，再加入2~3大匙面粉炒香，最后加入2大匙鲜奶调匀来制作面糊。

4. 做奶油烤白菜不宜用淀粉，因为淀粉很容易吸干汤汁，无法让奶香入味。

基本信息

白菜挑选、清洗要诀

一年四季都产白菜，但冬季是盛产季节，冬季产的白菜口感特别甜美。挑选白菜时，要选择叶片紧密、底部的切口新鲜，拿在手上有沉重感者。如果是切开的1/2或1/4棵白菜，要选择切口没有隆起者。清洗时要注意，白菜最外侧叶子接触的农药多，所以不要食用，将其摘除后，将剩余的白菜在水中浸泡5分钟，再用流水冲洗1分钟即可。

白菜变化菜肴

开洋白菜、香菇白菜、酸白菜、泡菜、烩白菜。

活用技法：烤

烤的技法指将大块材料腌至入味，放入密闭式烤箱烤熟。由于烤箱中的温度较易保持，而且材料受热均匀，因此烘烤食物较易入味。

经典美食 奶油烤白菜

材料

大白菜300克，火腿2片，虾米1大匙，红葱头、大蒜各2瓣，奶油1大匙，食用油1大匙，芝士适量

调味料

A料：盐1/2小匙，胡椒粉1/3小匙

B料：面粉3大匙

C料：鲜奶油1/2杯，高汤1杯

做法

1. 烤箱预热至180℃；大白菜洗净，切大块；虾米泡水，洗净；火腿片切小丁；红葱头、大蒜去皮，切末备用。

2. 锅中加入1大匙食用油烧热，放入红葱头末、大蒜末爆香，依序加入虾米、火腿丁、大白菜块及A料拌炒，炒至大白菜块出水熟软时盛起，沥干汤汁，放入烤皿。

3. 锅中加入1大匙奶油烧热，加入B料炒香，再加入C料，边煮边搅拌至汤汁浓稠后浇入烤皿，顶层撒上适量芝士，将烤皿放入烤箱，以180℃烤约20分钟即可。

小贴士

烤白菜美味秘诀

烤白菜烹饪流程：食材处理→炒至食材上色→放入烤皿→拌炒调味汁→调味汁浇入烤皿→撒芝士→烘烤→完成。

烤箱温度：180℃。

烘烤时间：20分钟。

白菜营养功效

大白菜有调节血压、缓解便秘、利尿的功效。大白菜热量极低，最主要的营养成分是维生素C，又富含钾，有助于将体内多余的钠排出体外，消除身体浮肿。大白菜还含有β-胡萝卜素、铁和镁，镁可促进钙的吸收，有助于心脏和血管的健康。

大白菜怎样烹煮才入味？

1. 大白菜富含水分，煮好的菜肴常会产生很多水，调味不好控制，所以炒大白菜时要先用大火炒干多余水分，再放入调味料，或者在下锅前先用沸水烫熟，这样能让大白菜更容易煮至软烂和入味。
2. 炒大白菜时可以加入虾米，让菜的味道更鲜美；也可以加入肉类，让菜的营养更丰富。

 经典美食

烩大白菜

材料

大白菜300克，虾米35克，姜20克，胡萝卜30克，柳松菇30克，食用油1大匙

调味料

水淀粉2大匙，盐1/2大匙

做法

1. 大白菜对半切开，去除头梗，剥开叶片，洗净，切片备用。
2. 虾米放入温水中泡软，捞出沥干；柳松菇洗净；姜洗净，切片；胡萝卜去皮，洗净切片。
3. 锅中倒1大匙食用油烧热，爆香姜片、虾米，放入大白菜片、胡萝卜片、柳松菇，以中火炒至变软。
4. 加入调味料，以大火炒均匀即可。

小贴士

大白菜食用技巧

由于大白菜的硬梗不易熟烂，因此要先去掉再烹调；一、二层老叶适合腌渍泡菜、做包子内馅；二、三层菜叶适合做饺子内馅；三、四层菜叶含水量大，适合炒菜；五、六层菜叶鲜嫩，适合做各种菜肴；菜心适合凉拌及做汤。

酸辣白菜的制作

将白菜切好放入锅中，在沸水中烫2分钟再取出沥干；取干净的碗，先放上一层白菜，加入少许盐，加上醋及少许糖和辣椒，一层白菜一层调味料放好，再放置半天即可食用；除了可以直接食用，还可以再加入肉类一同拌炒。

圆白菜怎样炒才甘甜？

1. 圆白菜的甜度很高，尤其是高山种圆白菜，要先用大火炒至菜叶出水变软，加点水盖上锅盖，以小火焖煮至熟，才能将其甜味完全释出。
2. 冬天的圆白菜较硬，适合煮火锅，春天的圆白菜口感清甜，可以生吃。圆白菜所含的维生素C是水溶性维生素，因此用氽烫、快炒和炖煮等烹饪方法烹制圆白菜，维生素C易流失，生吃或煮汤食用才能最大限度地保留圆白菜的营养。

西红柿炒圆白菜

材料

圆白菜400克，西红柿1个，大蒜3瓣，辣椒末适量，葱1根，食用油1大匙，水1/4杯

调味料

米酒1大匙，盐1小匙

做法

1. 圆白菜对半切开，并切去菜梗，将叶片剥下，撕成小片，洗净沥干水分。
2. 大蒜去皮，切末；西红柿洗净，切成月形片；葱洗净，切段。
3. 锅中倒入1大匙食用油烧热，爆香大蒜末、葱段、辣椒末，放入西红柿片炒香，加入圆白菜片，以大火翻炒，并倒入1/4杯水及调味料炒匀，加盖转小火焖烧至熟即可。

小贴士

圆白菜的挑选与清洗技巧

选购圆白菜时，应选外叶呈深绿色、富有光泽，切口新鲜，叶片紧密，握在手上感觉十分沉重者，其口感较甜。圆白菜的外叶容易残留农药，烹饪前最好将外叶摘除，然后将其余叶片在水中浸泡5分钟后，放在流水下清洗，清洗时要一片一片仔细冲净。

怎样防止切好的茄子变黑？

1. 切好的茄子和空气接触很容易变黑，茄子切好后若不立即烹饪，可将其马上放入清水或盐水中浸泡5分钟，防止茄子变黑。若茄子立即下锅，可以不用泡水。
2. 先将切好的茄子用盐腌一下，等茄子出水后把水挤掉，然后下锅；或者用盐水抓洗茄子后挤出盐水，然后用冷水清洗一下，沥干后再下锅，也能防止茄子变黑。

基本信息

变化菜肴：蒸茄子

将茄子洗净后切段，在蒸盘上排好，再放入水已煮沸的蒸锅里，用大火蒸10分钟左右，取出倒掉多余的水备用；用大蒜末、香油、糖及酱油膏调匀做成酱汁，将酱汁淋在蒸好的茄子段上，就是一道健康清爽的美食。

健康提示

茄子是很好的食材，但容易诱发过敏，神经不安定、容易兴奋的人，气管不好的人，有关节炎的人，过敏体质的人均不宜多吃茄子。茄子性寒，孕妇不宜多吃，有虚冷症状的人也不宜多吃。

茄子挑选要诀

以外形完整无外伤，表面呈深紫色，富有光泽，没有裂缝、伤痕，切口新鲜，蒂部的小刺尖锐，无种子者为佳。

茄子营养功效

茄子具有清凉降火、降低胆固醇、调节血压的保健功效。茄子果肉像海绵，即使吸收了油，吃起来口感也不会油腻，有助于人体吸收植物油中的不饱和脂肪酸和维生素E，有效降低胆固醇。茄子紫色外皮所含的色素属于多酚类化合物，可对抗人体内的活性氧，抑制过氧化物的形成，具有一定的抗衰老作用。茄子是寒性较强的夏季蔬菜，具有镇痛、消炎、止血的功效。烹调前将茄子在水中浸泡5分钟，用刷子将茄子表面清洗干净，拭干水分或自然晾干，尽快烹煮，可避免养分流失。

罗勒炒茄子

材料

茄子200克，罗勒叶10克，大蒜末、辣椒末各1小匙，食用油适量

调味料

米酒、香油各1小匙，盐1/4小匙，糖1/2小匙，酱油1/2大匙，清水1大匙

做法

1. 茄子洗净，切长条，放入油锅炸软，捞起沥油备用。
2. 锅中加入2小匙食用油，爆香大蒜末、辣椒末，放入所有调味料炒出香味，再加入茄子条炒匀。
3. 放入洗净的罗勒叶炒匀即可。

小贴士

热锅干煸再放油

锅热后直接将茄子放入干煸，等茄子变软、水分煸干后，再放油下锅，干煸时火力不可太旺，以免茄子焦煳。

斜切烹煮更入味

将茄子切成大块时，可以在表面等距的地方以刀斜切，不要切得太深，这样可以使茄子容易入味，也更容易熟。

活用技法：茄子烹调

茄子可腌制、炒、煮、氽烫，烹饪方法十分丰富。将茄子切开后，由于氧化作用，茄子很容易变黑，不妨将其浸在水中，或者在烹调前再切开。

怎样快速去除西红柿外皮？

1. 在西红柿表面轻轻划上十字形刀口，将其放入沸水中略煮一会儿，等到西红柿表面的皮略翻起，再将西红柿放入冷水中就很容易去皮了。

2. 将西红柿放入沸水中浸泡30分钟，再冲冷水，同样可以去除西红柿的皮，而去皮后的西红柿再去籽入菜，不会析出过多水分，味道也更加浓郁可口。

 经典美食

茄烧牛肉汤

材料

牛腩600克，胡萝卜400克，西红柿3个，现成卤包1包，葱1根，姜2片，水适量

调味料

糖1大匙，酱油3大匙

做法

1. 胡萝卜洗净，去皮切块；西红柿去蒂，洗净，每个切成4瓣，去皮；葱洗净，切段；牛腩切块，放入沸水中汆烫，捞出备用。

2. 锅中放入葱段、姜片、卤包、调味料及牛腩块，以大火边加热边翻搅，至牛腩块入味并出水时，加水盖过食材，以大火煮沸，转中火煮40分钟至牛腩块熟烂，最后加入胡萝卜块、西红柿瓣续煮25分钟至熟软即可。

小贴士

西红柿可解油腻

西红柿中的柠檬酸可以消除肉类的油腻感，所以在炖煮红烧牛肉时加入西红柿，成品更美味。

胃肠疾病患者不宜多吃西红柿

虽然西红柿具有很多保健的功效，但也不可多吃，因为西红柿性寒，过量食用可能伤害胃肠，胃肠疾病患者吃西红柿要有节制。

怎样去除苦瓜的苦味?

1. 挑选果肉看起来晶莹肥厚、末端带有黄色、外皮洁白的嫩苦瓜为佳，其苦味轻、口感脆。
2. 烹调前把苦瓜对半切开后去籽，并将内侧的白膜刮除干净，可减轻苦味。
3. 将苦瓜切成薄片后浸入冰水中泡一段时间，再取出沥干，可以减轻苦瓜的苦味，并增加其脆度。
4. 凉拌时，用少许盐搓揉苦瓜后，再用水冲洗，有助于减轻其苦味。

 经典美食

脆皮苦瓜

材料

苦瓜1~2根（300~500克）

调味料

西红柿酱、炒香花生粉各4大匙，沙茶酱、甜辣酱、香油各2大匙，炒香芝麻、柴鱼酱油、辣油各1大匙，糖浆1大匙

做法

1. 苦瓜洗净，对半剖开，去膜及籽，切成三等份后再切斜薄片。
2. 将苦瓜泡入冰水中，放入冰箱，直至苦瓜呈透明状，即可取出沥干，按自己的喜好摆盘即可，可放上红辣椒丝装饰。
3. 将调味料充分搅拌均匀，食用苦瓜时可用调味料来调味。

小贴士

以软刷轻刷苦瓜，可去除其表面残留的农药

　　苦瓜表面凹凸不平，易残留农药，可以用软刷轻轻刷洗苦瓜表皮，以去除残留农药。

土豆怎样炒才能快速熟软？

土豆含有大量淀粉，不易煮熟，最好事先将其汆烫或蒸制，再投入锅中，加盖以小火焖烧的方式焖煮至熟，可缩短烹煮时间。只要水分或油量充足，土豆就可充分软化，因此烹调土豆时加少许水，也有助于快炒至熟软。

 经典美食

土豆炒肉末

材料

土豆200克，猪肉末40克，胡萝卜30克，洋葱末1大匙，大蒜末1小匙，食用油、葱末各适量

调味料

米酒、酱油各1/2大匙，糖1/2小匙，黑胡椒、盐各1/4小匙，香油1小匙，高汤1/2杯

做法

1. 土豆洗净，去皮切丁；胡萝卜洗净，去皮切丁。

2. 起油锅烧热，放入土豆丁，炸至呈金黄色时，捞出沥油备用。

3. 另起锅加入1大匙食用油烧热，爆香大蒜末、洋葱末，放入猪肉末炒至肉末松散，再加入土豆丁、胡萝卜丁及调味料，炒至汤汁收干，撒入葱末，根据自己的喜好盛盘装饰即可。

小贴士

土豆炒前应先泡冷水

　　先把切好的土豆放在冷水中浸泡，然后冲洗几遍，等水不再有颜色后，捞出沥干下锅，炒到土豆变色时再放醋、水、盐，之后再翻炒几下，就可以装盘了，这样炒出来的土豆不糊且脆。

咖喱土豆怎样煮才入味？

1. 土豆不宜与肉类同时下锅烹煮，可先将土豆放入清水中煮至七分熟后捞起，等到肉煮熟、咖喱汤汁略收干时，再加入土豆同煮至熟，这样土豆不会太熟烂。
2. 熄火冷却后放置一段时间，使土豆充分吸收咖喱汤汁，食用前重新加热，就可品尝到软绵入味的土豆了。

 经典美食

咖喱土豆

材料

土豆2个，胡萝卜1/2个，葱1根，食用油1大匙

调味料

A料：咖喱粉2大匙

B料：西红柿酱1大匙，清水1杯

做法

1. 土豆洗净去皮，切长条，浸水泡去涩味；胡萝卜去皮洗净，切条；土豆条、胡萝卜条分别放入热油锅中略炸，捞出沥干油；葱洗净，切末备用。
2. 锅中倒入1大匙食用油烧热，放入A料炒香，加入B料煮开，再加入土豆条及胡萝卜条，煮至汤汁收干，撒上葱末即可。

小贴士

中小火炖煮土豆，口感更松软

当锅内的水烧开后，要改中小火来煮，使土豆内外均匀受热，熟后才会松软好吃。如果一直用大火煮，土豆外部就会煮糊，内部却仍然不熟，影响口感。

泡凉开水再去皮

想快速去除土豆的皮，可以在土豆煮熟以后，将其放入凉开水中浸泡一下，或用冷水冲洗，这样就容易去皮，还不烫手。

竹笋沙拉怎样做才鲜嫩？

春笋及绿竹笋最适合做竹笋沙拉。竹笋水煮前不可先剥壳，也不要在烹煮过程中掀开锅盖，熄火后闷1小时，再掀盖取出竹笋剥壳，可避免竹笋口感变得老硬。

 经典美食

竹笋沙拉

材料

绿竹笋300克

调味料

沙拉酱2大匙

做法

1. 绿竹笋洗净，用刀在笋皮表面划一刀，然后放入沸水中煮熟，捞起，去皮，待凉，放入冰箱冷藏备用。
2. 食用前取出绿竹笋，切成小块，盛入盘中，淋上调味料即可。

小贴士

切小块用小火烹煮

想将厚实的竹笋烧得熟软入味，秘诀就在于不能切得太大，烹煮时再加少量调味汤汁以小火将其煮至熟透就能入味。

各类竹笋适合的烹调方式

麻竹笋适合做成各式小菜或用来炒食；绿竹笋味美甘甜，宜做成冷盘、沙拉；冬笋味道香浓，用来煮汤，味道鲜美；酸笋丝宜汆烫去酸食用。

怎样去除竹笋的苦涩味？

1. 笋尖呈黄白色的竹笋苦涩味较淡。
2. 将竹笋洗净，连皮一起煮，或者将竹笋连皮放在洗米水中，加上去籽的红辣椒，用中火煮熟，等竹笋冷却后，再把它取出冲水剥皮，均可去除苦涩味。

 经典美食

红焖桂竹笋

材料

桂竹笋120克，红辣椒10克，大蒜2瓣，食用油1大匙

调味料

酱油1大匙，糖5克，豆瓣酱1小匙

做法

1. 红辣椒洗净，去蒂及籽，切丝；大蒜拍碎，去皮。
2. 锅中倒入半锅水煮沸，将洗净的桂竹笋放入沸水中汆烫，取出去皮，待凉后切成丝备用。
3. 锅中放入1大匙食用油烧热，爆香红辣椒丝及大蒜碎，放入桂竹笋丝拌炒均匀，加入调味料炒至上色即可。

小贴士

桂竹笋食用注意事项

　　新鲜的桂竹笋或真空包装的桂竹笋，都要烫熟后才能食用。若无法一次全部吃完，最好将未吃完的桂竹笋烫熟后放冰箱冷藏。

笋类营养价值高

　　笋类含有大量膳食纤维、蛋白质、胡萝卜素和B族维生素、维生素C，热量也很低，多吃对人体有益，尤其是秋季盛产的桂竹笋，不论是煮汤还是炒菜都有相当高的营养价值。但患有胃溃疡的人最好不要吃太多笋类，以免刺激胃肠。

怎样保持小黄瓜的清脆口感？

1. 小黄瓜用菜刀拍松后加盐抓拌，可以释出多余的水分，保持脆度，这样做也增加了小黄瓜与调味料接触的面积，便于其吸收更多的调味料，会更入味。

2. 一根小黄瓜通常要加1/4～1/3小匙盐腌渍20～30分钟，待其出水后挤干盐水，置于密封袋再放入冰箱，食用时重新调味，这样就可保持小黄瓜的清脆口感。

3. 盐的分量过多或腌拌时间过长，会使小黄瓜严重脱水，瓜肉变软，丧失清脆口感，这是烹饪小黄瓜失败的最常见原因。

 经典美食

凉拌小黄瓜

材料

小黄瓜300克，红辣椒1个，大蒜4瓣，姜2片

调味料

A料：盐1小匙

B料：白醋2大匙，糖1/2大匙，花椒粒1/4小匙

做法

1. 小黄瓜洗净，拍扁，切段；大蒜去皮，切末；红辣椒、姜洗净，切丝。

2. 小黄瓜段放入碗中，加入A料抓拌均匀至出水。

3. 倒掉碗中的水，加入大蒜末、姜丝、红辣椒丝及B料拌匀并腌渍1小时，待食用时盛入盘中即可。

小贴士

小黄瓜烹饪技巧

　　除了盐腌，醋拌小黄瓜也是爽口菜肴。洗净的小黄瓜用淡盐水浸泡5分钟左右，取出后拭干，用刀背轻拍后切成适当大小，加适量糖和醋即可。若小黄瓜不够新鲜，可用盐搓揉一下小黄瓜，然后拍碎切段，调味食用。烹饪小黄瓜常见的错误是将用盐搓揉过的小黄瓜再度用水冲洗，这样小黄瓜吸水后，就无法吸收其他调味料了。

怎样使黄瓜镶肉的内馅不脱落?

做镶肉的菜时，记得在食材与肉馅互相接触的地方抹上一层薄薄的干淀粉，如黄瓜镶肉就要将干淀粉抹在去籽大黄瓜内圈，苦瓜镶肉也用相同方式处理，这样做可以使内馅不易脱落。

 经典美食

黄瓜镶肉

材料

大黄瓜1根，猪肉末300克，香菇3朵，葱1根，姜30克，食用油适量

调味料

A料：淀粉1大匙

B料：酱油、淀粉各1大匙，盐、香油各1小匙

C料：水淀粉1大匙

做法

1. 大黄瓜洗净，去皮，切段，去籽，内圈抹上A料；姜洗净，香菇泡软去蒂，均切末。

2. 猪肉末放入碗中，加入香菇末、姜末及B料拌匀，做成内馅，取适量内馅填入大黄瓜内圈，放入盘中，移入蒸锅中，以中火蒸15分钟，取出。

3. 葱洗净，切丝，放入热油锅中炒熟，加入C料炒匀成葱油汁，淋在蒸好的黄瓜镶肉上即可。

小贴士

镶肉滑嫩的诀窍

镶指将主料的中间挖空或切开，放入馅料再蒸或炸熟的一种技法。黄瓜镶肉内馅中的肉末，适合选用五花肉尾端的部位，吃起来更滑嫩。此外，在调配内馅时加入鸡蛋搅拌，也是一种能让口感更加滑嫩的好方法。

怎样去除洋葱的辛辣味？

1. 洋葱去掉褐皮切丝后，用冰水浸泡成透明状，就可去除洋葱的辛辣味，食用前将洋葱丝捞起沥干即可。
2. 切好的洋葱用食用油搓揉一下，也可达到去除其辛辣味的效果，如果加上点柠檬水，味道会更好。

 经典美食

洋葱泡菜

材料

洋葱300克，柴鱼10克，罐头金枪鱼30克，盐5克，熟芝麻1克

调味料

糖50克，白醋60毫升

做法

1. 洋葱洗净，去皮，切丝，用盐抓拌一下备用。
2. 柴鱼放入碗中，加入调味料混合拌匀，浸泡10分钟，做成柴鱼腌汁。
3. 将洋葱丝放入柴鱼腌汁中混合拌匀，放入冰箱腌2天至入味。
4. 食用时取出盛盘，加入罐头金枪鱼及熟芝麻，拌匀即可。

小贴士

洋葱保存技巧

买回来的洋葱如果一次吃不完，可以放在通风良好、阴凉的地方保存。只用少许的洋葱时，无须将洋葱整个切开，可从外面划一道切痕，将洋葱一片一片剥下来用，这样可以延长剩余洋葱的保存时间。

切洋葱不流泪的妙招

用锋利的菜刀来切洋葱，或者将剥好的洋葱放入冰箱冷藏一段时间，烹调前再拿出来切，就不容易使人流泪了。

怎样炒出清脆的四季豆?

1. 豆荚类蔬菜要先在水中浸泡5分钟后再清洗。把豆荚头尾及茎去掉,清洗干净后,放入加盐的沸水中氽烫捞出,可去除涩味。
2. 将豆荚类蔬菜切成斜片,这样比较好看也容易炒熟,再和肉类同炒,豆荚类蔬菜不会炒得过生,肉类也不会炒得太老。
3. 炒四季豆一定要大火快炒,不能加盖焖烧,以免其颜色变黄或变黑,也可避免四季豆出现表面熟、里面生的现象。

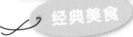 经典美食

四季豆炒肉丝

材料

猪肉150克,四季豆200克,大蒜2瓣,食用油3大匙

调味料

A料:酱油1大匙,淀粉2大匙

B料:沙茶酱2大匙,盐1小匙,水1大匙

做法

1. 猪肉洗净,切丝,放入碗中,加入A料腌拌约10分钟。
2. 四季豆洗净,撕去头尾及老筋后切斜片;大蒜去皮,切末。
3. 锅中倒入3大匙食用油烧热,放入猪肉丝炒至半熟,盛出。
4. 余油继续烧热,大火爆香大蒜末,加入四季豆段炒熟,再加入猪肉丝及B料炒匀,根据自己的喜好摆盘装饰即可。

小贴士

四季豆的选购、清洗与保存技巧

采购四季豆时宜选择豆荚细长,外观平滑完整、无凹凸不平的颗粒,表皮翠绿、无黑色或褐色斑点者;四季豆清洗后需剥除荚边老筋;另外,四季豆很容易失水变干,要将其装在保鲜袋中,再放入冰箱冷藏室保存。

怎样分辨绿芦笋是否该削皮？

有些绿芦笋根部很硬，需要削皮。可用手将绿芦笋根部轻轻弯折，折断的部分就是比较硬的部分，要用削皮器削去此处的硬皮。

 经典美食

芦笋炒干贝

材料

芦笋200克，新鲜干贝100克，草菇30克，胡萝卜20克，大蒜末1小匙，红辣椒1个，食用油1大匙

调味料

A料：料酒1/2大匙，蚝油1大匙，盐1/4小匙，糖1/2小匙，香油1小匙，高汤50毫升

B料：水淀粉2大匙

做法

1. 芦笋去老皮洗净，切段；草菇洗净，切片；胡萝卜洗净去皮，切片；红辣椒洗净去蒂，切碎。
2. 锅中加入半锅水烧沸，将芦笋段汆烫后，捞起泡入冷水，再放入干贝汆烫5分钟，捞起洗净，再将芦笋段、干贝沥干。
3. 锅中加入食用油烧热，放入大蒜末、红辣椒碎爆香，加入胡萝卜片、芦笋段、干贝、草菇片炒熟，加入A料炒匀。
4. 用B料勾芡即可。

小贴士

芦笋挑选要点

茎粗的芦笋比细的更好吃。选择芦笋时，要仔细看笋尖，花苞越紧密表示芦笋越新鲜。白芦笋以全株洁白、形状正直、笋尖鳞片紧密、没有腐臭味道者为佳；绿芦笋以茎皮绿色、笋尖无腐臭之味、笋尖鳞片不展开、笋身粗大细嫩者为佳。

怎样去除白萝卜的辛辣味？

炖汤时放一点大米在锅中和白萝卜一起炖煮，不但可以去除白萝卜的辛辣味，而且可使白萝卜更易煮烂。白萝卜去的皮厚一点，才能把靠近外皮的粗纤维去掉，口感会更加细腻。

 经典美食

白萝卜排骨酥羹

材料

小排骨200克，白萝卜100克，大蒜3瓣，笋干30克，香菜20克，食用油适量

调味料

A料：酱油、米酒、淀粉各1大匙

B料：高汤3杯

C料：盐1小匙，酱油、胡椒粉、糖各1/2小匙

D料：水淀粉2大匙

做法

1. 大蒜去皮，洗净；小排骨洗净，切小块，放入碗中加入A料拌匀并腌10分钟，和大蒜一起放入热油锅中炸酥，捞出沥油备用。

2. 香菜洗净，切小段；白萝卜洗净，去皮，切块，放入沸水中烫熟，捞出沥干备用。

3. 锅中倒入B料煮开，放入白萝卜块、笋干及C料煮至入味，加入D料勾芡，再加入小排骨块煮约1分钟，撒上香菜段即可。

小贴士

起锅前转大火排骨口感更香酥

以中火将排骨炸至外表看起来有点干、油也不多时，转大火炸几秒再捞出，这样排骨口感才会香香酥酥，最后沥干油再放入羹汤继续烹调即可。

芋头怎样煮才不会崩散？

　　芋头含有丰富的淀粉、蛋白质、维生素及膳食纤维，既可当主食，又可当蔬菜，但芋头炖煮后会变得非常松软，容易崩散。在烹煮前将芋头切成小块，放入热油锅内稍微炸一下就捞出，沥干油后再与其他食材一起烹煮，就不容易散开了。

 经典美食

芋头排骨酥

材料

排骨300克，芋头1个，芹菜末1大匙，食用油适量

调味料

A料：酱油2大匙，盐1小匙，五香粉1/2小匙，酒、胡椒粉、糖各适量

B料：淀粉2大匙

C料：盐1小匙，高汤3杯

做法

1. 芋头去皮，切成滚刀块备用。

2. 排骨洗净切块，用A料腌20分钟，再蘸裹B料放入热油锅中炸至金黄色，捞起，沥干备用。

3. 将炸好的排骨块、芋头块和C料一同放入蒸笼蒸40分钟，取出撒上芹菜末即可，可放上洗净的香菜装饰。

小贴士

芋头的挑选与保存方法

　　挑选芋头时以表面附有泥土，表皮湿润且纹路明显者较好。用刀切去芋头头端，若流出粉质，表示芋头香嫩、松软；若流出汁液，表示品质较差。芋头不要放冰箱冷藏，要保持干燥，最好将其用纸包裹后，在常温条件下保存。

手泡醋水后削芋头可防手痒

　　削芋头或山药、牛蒡时，常出现双手发痒的情形。如果先准备一盆醋水，削皮之前泡一下双手，削的时候手就不容易发痒了。若中途手又发痒，就再浸一下，然后继续削皮。

　　注意：如果手上有伤口，则不能用这种方式止痒。

莲子怎样煮可以又软又透？

莲子不易熟，煮之前先以温开水浸泡约30分钟，以清水冲净后，挑除莲心，用电饭锅或蒸笼蒸1小时，再放入汤锅中与其他食材同煮，能缩短烹饪时间，莲子也更易煮得软烂。

莲子排骨汤

材料

排骨300克，莲子、海带结、胡萝卜各80克，姜2片

调味料

盐1/2小匙，米酒1大匙，高汤8杯

做法

1. 排骨洗净，切成块，放入沸水中氽烫，捞出，以清水冲净；莲子泡软，挑除莲心；胡萝卜去皮，洗净，切块备用。

2. 锅中倒入高汤烧开，放入排骨块、莲子、胡萝卜块及姜片，以大火煮沸后，转小火熬煮约2小时，加入海带结煮至熟软，起锅前加入盐、米酒调匀即可。

小贴士

莲子营养功效

莲子性平，味甘、涩，具有收敛、镇静的效用，可以改善烦躁失眠和脾胃虚弱导致的腹泻症状。莲子富含钾，可促进人体新陈代谢，改善贫血、疲劳症状，但体质燥热、容易便秘者不宜食用。购买莲子时以粒大饱满、体圆均匀者为佳。

香菇要用冷水还是热水泡？

1. 干香菇可用冷水浸泡1小时，再轻轻去除香菇伞皱褶内的沙粒，清理干净后，再次放入冷水中浸泡。浸泡后的汤汁，可用于炒菜或煮汤，但要先滤去杂质。
2. 若时间不允许，可将香菇放在容器内，加水至没过香菇，加入少许糖以加速香菇变软，然后放入微波炉加热数分钟就可以了。
3. 可以直接用热水泡发。

基本信息

香菇挑选、清洗、保存要诀

新鲜香菇要选择伞开八分、肉质厚实、根轴较短、表面有光泽、底部呈白色者，干香菇则要选择肉质厚实、底部呈淡黄色者。新鲜香菇只需用水稍加冲洗，或者用纸巾擦去杂质即可；干香菇则可冲洗之后加水浸泡。新鲜香菇可装在保鲜袋中，放在冰箱冷藏室中保存；干香菇则要放在密闭容器中，并加入干燥剂保存。

香菇变化菜肴

香菇砂锅鱼头、红烧香菇、香菇鸡汤、香菇冬笋、香菇炒菜心、香菇炒肉片、香菇煲脯肉、香菇炒三丝、香菇蒸肉饼、香菇凤爪汤、香菇豆腐汤、香菇煨鸡等。

香菇营养功效

香菇具有预防癌症、动脉硬化，降低血压、胆固醇的保健效果。香菇含有丰富的蛋白质，营养价值比一般蔬菜更高，其所含的膳食纤维可促进排便，帮助机体将毒素排出体外；香菇所含的嘌呤具有促进血液循环、调节血压的作用；香菇所含的多糖具有调节免疫的作用。多吃香菇对皮肤、眼睛和头发的健康有益。

经典美食 **香菇肉羹**

材料

肉末500克，香菇丝、金针菇各100克，胡萝卜丝50克，芹菜末1大匙

调味料

A料：高汤5杯，盐2小匙，柴鱼2小匙，糖、酱油各1小匙

B料：水淀粉2大匙

C料：陈醋1小匙，香油少许

做法

1. 金针菇洗净沥干，切掉尾部备用。
2. 将A料煮沸，再放入所有材料，煮开后加入B料勾芡，食用时调入C料即可，盛碗后可放上洗净的罗勒叶装饰。

小贴士

香菇水炒菜可提鲜

香菇泡软后留下来的香菇水吸收了香菇的香味，可以当高汤使用，尤其适合用作素食菜肴中的素高汤。平常炒菜时，加入1～2大匙香菇水同炒，可取代味精，有提鲜增香的功效。

倒芡汁速度要慢

加入芡汁最恰当的时机，是在食物快煮熟时。如果在食物还没煮熟时加入芡汁，不但会影响食物的熟度，调味料也不容易入味。勾芡时水淀粉不可倒得太快，以免芡汁来不及化开而结成块，进而影响菜肴的品质及口感。

活用技法：勾芡

勾芡的羹汤需要再次加热时必须用小火，而且要不断搅拌直到煮沸。也可以隔水加热，这样就不必担心锅底烧焦或汤汁黏稠结块了。

怎样去除洋菇的湿霉味?

烹调前先把洋菇放在洗米水中浸泡40～50分钟，然后清洗干净，这样就可以去除其湿霉味了。

 **经典美食** ## 双菇拌鸡肉

材料

鸡胸肉200克，香菇、洋菇各3朵，豌豆角50克

调味料

A料：盐、糖、醋各1大匙

B料：香油1小匙

做法

1. 鸡胸肉洗净；豌豆角洗净，去蒂及老皮；香菇泡软，洗净，去蒂切丝；洋菇洗净，切片。
2. 全部材料分别放入沸水中煮熟，捞出沥干备用。
3. 鸡胸肉烫好后待凉，以手撕成条状，加入其他材料与A料拌匀，最后淋上B料即可。

小贴士

洋菇的保健功效

洋菇是一种低热量、高蛋白、高营养的食物，含有维生素B_1、维生素B_2，可促进消化与新陈代谢，增强体力，其所含的烟酸有降低胆固醇、促进血液循环、降血压、预防心血管疾病的功效，是中老年人、高血压患者和高脂血症患者的食疗佳品。

洋菇的挑选、清洗与保存

有些菇农为了让蘑菇的"卖相"更好，会将洋菇漂白或用荧光剂增白，食用这样的洋菇会对人体产生危害，因此，颜色太白的洋菇不要购买。挑选洋菇时应选择菇伞厚实，菇伞和根部未裂开者，清洗时只要稍微清洗洋菇表面杂质即可，待洋菇自然阴干后装入保鲜袋，放在冰箱冷藏室保存即可。

炸红薯的面糊怎样调炸出来才酥脆?

1. 面糊太浓时不容易裹上材料,面糊太稀时炸出来的食物不漂亮。将筷子放在搅拌均匀的面糊中,然后将筷子垂直拉起,如果面糊能呈直线滴落,表明其浓稠度适中,如此炸出来的面糊才会金黄酥脆。
2. 调制面糊要用冷水,加入低筋面粉及鸡蛋后快速搅拌,避免搅拌过久使面粉出筋。
3. 面糊如果黏性低,蘸裹红薯时会变成厚厚的一层,这样炸出来的面糊容易吸油过多,使得炸红薯变软不好吃。

 经典美食

炸红薯

材料

红薯1个,低筋面粉1杯,鸡蛋1个,食用油适量,冷水2大匙

调味料

盐1/3小匙

做法

1. 红薯用刷子刷去表面泥沙,冲洗干净,去皮,切薄片备用。
2. 低筋面粉放入碗中,打入鸡蛋,加入调味料及2大匙冷水,搅匀成面糊备用。
3. 红薯片均匀蘸裹面糊,放入热油锅中炸至两面呈金黄色,根据自己的喜好摆盘装饰即可,可蘸西红柿酱食用。

小贴士

易出水的蔬菜不适合油炸

　　易出水的蔬菜不适合油炸,如叶菜类蔬菜和西红柿、小黄瓜、豆芽菜等。

油炸不宜用平底锅

　　不宜使用平底锅来油炸食物,因为平底锅浅,盛油量不多,锅中的热油容易溢出,危险性较高,而且食物也容易互相粘连或粘锅。

做菜时该何时加入味醂？

味醂虽然有甜味，但不等同于糖，它还略带酸味，能让蛋白质凝固。如果是肉类和蔬菜，先添加味醂就会导致菜肴无法入味，因此需要在最后加入；如果是鱼类菜肴，先加入味醂就会让其中的蛋白质凝固，可保持食材完整，且有去腥提味的功效。

 经典美食

芝麻牛蒡丝

材料

牛蒡200克，熟白芝麻1大匙，食用油适量

调味料

味醂、酱油、糖、清水各1大匙，香油、盐各1小匙

做法

1. 牛蒡去皮、切丝，泡入加有1小匙盐的清水中，浸泡5～10分钟，取出沥干水。
2. 起油锅烧热，放入牛蒡丝炸至浮起时捞出。
3. 另起锅加入1大匙食用油，将调味料煮沸，放入牛蒡丝、熟白芝麻快速拌炒均匀即可。

小贴士

牛蒡泡水可消除涩味

牛蒡滋味清甜，还可吸收肉中的油脂，很适合与肉类或鱼类一起烹饪。牛蒡皮含有芳香物质和药效成分，涩味很重，切开后先泡水可消除涩味。

牛蒡的营养价值

牛蒡含有丰富的膳食纤维，在体内会吸收水分，增加排便量，促进小肠消化与吸收，可有效预防便秘。牛蒡所含的菊糖不能转化成葡萄糖，十分适合糖尿病患者食用，同时可增强肾脏功能，促进排尿。

第六章 豆、蛋类

老豆腐、嫩豆腐怎样入菜?

1. 老豆腐含水量较少，比较适合用来做炸豆腐、煎豆腐、豆腐丸等；红烧豆腐、麻婆豆腐、西红柿豆腐、凉拌豆腐等较适合用嫩豆腐。
2. 夏天做凉拌豆腐时，可以将嫩豆腐放入冷水中，加少许盐，用小火煮到水快沸腾时熄火，再把豆腐取出，用凉开水冲洗冷却，这样做出来的凉拌豆腐口感会更好。

 经典美食

红烧豆腐

材料

油豆腐1块，上海青4棵，胡萝卜1/3根，香菇2朵，大蒜1瓣，食用油适量

调味料

A料：蚝油、酱油、糖各1/2 小匙，酒、胡椒粉各少许，鸡精1/3小匙

B料：水淀粉1大匙

做法

1. 上海青、胡萝卜、香菇分别洗净；上海青剖半，去头部；胡萝卜、香菇切片；大蒜去皮，切成细末备用。
2. 上海青、胡萝卜片、香菇片放入沸水中汆烫，捞起备用。油豆腐切成4小块，烧热油转小火，下油豆腐炸至金黄色，捞起备用。
3. 锅内放1小匙食用油，爆香大蒜末，放入胡萝卜片、香菇片、油豆腐与A料，烧至收汁时，加B料勾芡。
4. 将汆烫过的上海青铺排于盘底，放上步骤3的食材即可。

小贴士

红烧豆腐中可加入多种剩余食材

　　红烧豆腐可以算是最家常的菜肴之一，油豆腐、嫩豆腐、传统豆腐都可以做成红烧豆腐，而冰箱里剩余的食材，如香菇、竹笋、火腿、胡萝卜、甜豆都可加入。

怎样烧豆腐才不会破碎?

翻炒是为了让调味均匀,但在烹调豆腐时,不断地翻炒容易使豆腐破碎,影响成菜品相。因此,烧豆腐时宜切大块,且尽量减少翻炒,才能烹煮出好看的菜肴。

 经典美食

麻婆豆腐

材料

豆腐2块,猪肉末60克,葱1根,大蒜、姜各少许,红辣椒1个,食用油2大匙

调味料

A料:辣豆瓣酱、酱油各2大匙,糖、酒各1大匙,水1杯

B料:水淀粉适量

做法

1. 豆腐切丁,葱、姜、辣椒均洗净切末,大蒜去皮切末。
2. 锅中加2大匙食用油,爆香大蒜末、姜末、红辣椒末,再放入猪肉末炒香。
3. 倒入豆腐丁拌炒片刻,加入A料,以小火焖煮约3分钟。
4. 倒入B料勾薄芡,撒上葱末即可。

小贴士

香辛料和调味料的运用技巧

热炒香辣菜最重要的一点是香辛料和调味料的运用,食材入锅快炒前,先爆香葱、姜、大蒜等香辛料,若使用花椒,要先把花椒剁碎以提升口感,至香辛料的香味产生时,再放入食材大火快炒。过度加热容易使香辛料的香气挥发,因此爆香时可留下一部分香辛料,在炒的过程中再加入。

豆腐怎样煎才能不破碎？

1. 豆腐含有许多水分，在烹调过程中常会破碎，可以在豆腐切好后放入沸水中烫一下，除去豆腥味并减少豆腐的水分，不仅能避免豆腐破碎，还能让豆腐更容易吸收调味酱汁。
2. 煎豆腐前，将豆腐放在盐水中浸泡30分钟，取出后擦干水，再切成1厘米厚的片，可使豆腐完整不破碎。
3. 以小火慢煎，待豆腐一面的外皮呈金黄色定型后，再用锅铲将豆腐翻面煎；将豆腐蘸点淀粉或面粉再下锅煎，也可避免破碎。

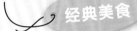 经典美食

葱煎豆腐

材料

豆腐1块，葱3根，食用油2大匙

调味料

A料：盐1大匙，清水2杯

B料：盐1小匙

做法

1. 将豆腐用水冲净，放入A料中浸泡30分钟，捞出，沥干水，切成约1厘米厚的片，备用。
2. 葱洗净，切段。
3. 锅中倒入2大匙食用油烧热，放入豆腐片，以小火慢煎至两面呈金黄色。
4. 加入B料及葱段翻炒，根据自己的喜好摆盘装饰即可。

小贴士

盐开水中保存豆腐可防止变味

豆腐取出后，如果不能马上烹调，可将豆腐放在盐开水中保存，能防止变味。

油豆腐怎样煮才会入味？

1. 油豆腐是将豆腐油炸而成，其表面有一层油脂，会让调味料不易进入，吃起来口感也不柔软。烹调油豆腐时，先去油再烧煮，就能使其入味。
2. 将油豆腐放入沸水中烫3分钟，翻面再烫3分钟，就能去除其油脂。捞起沥干后，再加入其他食材及调味料一起烹煮，煮出来的油豆腐就会入味。

 **经典美食**

油豆腐镶肉

材料

三角油豆腐12块，香菜20克，鲷鱼肉、猪肉末、虾仁各50克

调味料

A料：盐1/2小匙，米酒、淀粉各1小匙
B料：酱油1大匙，糖1小匙，盐1/2小匙，水1杯

做法

1. 鲷鱼肉洗净，剁成泥；虾仁洗净，切末；香菜洗净，切末。将鲷鱼肉泥、虾仁末、香菜末放入碗中，加入猪肉末及A料拌匀，做成馅料备用。
2. 三角油豆腐洗净，中间划一刀，填入适量馅料。锅中加入B料和三角油豆腐，大火煮沸，以小火煮至熟软入味，根据自己的喜好摆盘装饰即可。

小贴士

肉馅不脱落的诀窍

　　蒸过的镶肉很容易碎散，大多是因为肉末的黏性不足，所以准备镶肉时，要记得将肉末剁碎一点。在油豆腐内面抹一层淀粉再镶肉，也能避免皮馅分离。

豆干怎样炒才入味?

1. 烹调前将豆干切成丁、片或丝，起锅加水煮沸后，加入适量盐，把切好的豆干放入锅中，待水沸后马上捞起，放在冷开水中浸泡，可去除豆腥味，烹调时更容易入味。
2. 炒豆干时加入适量酱油一起拌炒，不仅可以让豆干上色，还能让豆干更入味，口感更棒。

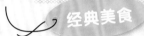 经典美食 　　**芹菜炒豆干**

材料

豆干4片，芹菜200克，红辣椒1个，大蒜3瓣，食用油适量

调味料

盐、鸡精、酱油各1小匙，水100毫升，香油1大匙

做法

1. 芹菜洗净，去叶，切成3厘米长的段；豆干洗净，切条；红辣椒洗净，切片；大蒜去皮，切末备用。
2. 锅中倒入适量食用油烧热，爆香大蒜末、红辣椒片，加入豆干条及芹菜段拌炒，加入调味料炒至入味即可。

小贴士

豆干挑选秘诀

　　优质的豆干应该有光泽，表面光滑，呈现褐色，厚薄均匀，有韧性。应选择颜色均匀一致，无变色、无污迹的豆干，避免选择发霉或颜色暗淡的豆干，因为这可能意味着豆干已经变质或即将过期。

黑豆干与黄豆干有何区别?

黑豆干是压干水分的豆腐经过烘烤或卤制而成的,因此外观发黑,口感较软。黄豆干则是经硫黄熏制而成的,口感比较紧实。两者的烹调时间都不宜过久,尤其是卤制过程中如果出现蜂巢小孔,口感就会变差。

 经典美食

蜜汁豆干

材料

黑豆干12块,白芝麻1大匙,三岛香松少许,食用油、水各适量

调味料

糖4大匙,五香粉1/2小匙,酱油1小匙

做法

1. 将黑豆干洗净,切小块,下油锅炸至金黄色捞起。
2. 锅中放入调味料与半碗水,煮至汤汁收干至1/3时,加入黑豆干块拌炒。
3. 撒上白芝麻及三岛香松即可。

小贴士

汤汁变浓稠时再放入豆干

做蜜汁豆干时,要等到汤汁收干至剩1/3时,再加入豆干拌炒,这样炒出来的豆干口感最好。如果没办法判断汤汁剩下多少,等到锅里的汤汁变得浓稠时,再加入豆干即可。

干丝怎样处理才柔软好吃?

1. 市面上常见的干丝，大多经过了加工处理，颜色浅黄、外观呈长条状。由于在加工过程中经过了压制及晒干，因此其质地紧实，若直接用来凉拌，口感较干硬、不柔软。
2. 新买回来的干丝，可用小苏打水泡软，使干丝恢复柔软质地，再用沸水烫煮一次，以消除碱味。

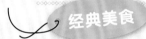 经典美食

麻辣干丝

材料

白干丝300克，胡萝卜20克，大蒜1瓣，红辣椒1个，食用油1大匙，葱末适量

调味料

A料：花椒粒1小匙

B料：辣椒油1小匙，盐1/2小匙，酱油、水各1大匙

C料：香油1/4小匙

做法

1. 白干丝洗净，沥干，切段；胡萝卜洗净，去皮，切丝；大蒜去皮，切末；红辣椒洗净，去蒂及籽，切丝。
2. 锅中倒入1大匙食用油烧热，放入A料炒香后捞除，加入白干丝、胡萝卜丝、大蒜末及B料，焖煮至汤汁收干，再加入红辣椒丝、葱末和C料拌匀即可。

小贴士

凉拌菜的香辛料要先调匀

凉拌香辣菜的诀窍是事先调好香辛调味酱，待食材煮熟或氽烫过，再将调味酱拌入食材，让食材慢慢腌渍入味。

豆酥要怎样炒才会香?

1. 豆酥是黄豆制品，又称为豆渣，炒时吸油较多，需多放一些油，其口感才不至于太干涩。

2. 以大蒜末、辣豆瓣酱一起拌炒，豆酥味道才会香。一开始用大火快炒豆酥，等到锅内的油被豆酥吸收，并开始散发香气时，转成小火继续拌炒，火力不可太大，以免炒焦，影响口感。

3. 快炒时不好控制火候，可移开炒锅，利用余温拌炒，避免烧焦。

 经典美食

豆酥鳕鱼

材料

鳕鱼2片，大蒜2瓣，葱1根，红辣椒1个，姜3片，豆酥粉3大匙，食用油适量

调味料

A料：米酒1大匙，盐少许

B料：酱油1大匙，糖、米酒各1小匙，葱末适量

做法

1. 大蒜去皮，切末；红辣椒洗净，去蒂及籽，切末；葱择洗干净，切段备用。

2. 鳕鱼洗净，放入盘中，以A料腌渍入味，移入蒸锅，放上姜片和葱段，蒸10分钟至熟取出。

3. 锅中倒入适量食用油烧热，加入豆酥粉、大蒜末、红辣椒末翻炒至松软，加入B料以大火炒至酥香、起泡，捞出，淋在鳕鱼片上即可，可放上洗净的香菜装饰。

小贴士

鳕鱼烹饪技巧

　　鳕鱼入沸水中快速汆烫一下，可去除腥味及血水。蒸鱼时，先用大火再转中火，大火可让鱼肉迅速收缩，减少水分流失，并保留住鱼肉的鲜味；转中火是为了避免加热过急，造成鱼肉散碎、不美观。

豆酥入菜少放盐

　　豆酥本身已有咸味，用豆酥入菜时不要加太多盐，以保持食材本身的鲜味。

怎样煎出柔嫩可口的萝卜干煎蛋?

1. 不要用画圆圈的方式打蛋液，要以前后来回搅拌的方式打蛋液。
2. 在蛋液中加入少量淀粉和食用油，拌匀后放置一会儿，让蛋液内的空气排出。
3. 炒锅一定要用大火充分预热，看到锅底冒出白烟后，倒入1大匙食用油并转动炒锅，使油滑动沾满整个锅面；然后倒出底油，重新加入3大匙食用油烧热，转小火后慢慢加入拌好的萝卜干蛋液，小火慢煎的同时，要轻轻搅动蛋液，才不会出现外焦内生的现象，菜品也更柔嫩可口。

经典美食　萝卜干煎蛋

材料

鸡蛋2个，萝卜干100克，食用油、葱末各适量

调味料

盐少许

做法

1. 萝卜干洗净，切碎。
2. 鸡蛋打散，放入萝卜干、葱末，加入调味料拌匀。
3. 锅先充分预热，倒入1大匙食用油并转动锅，然后倒出底油，重新加入适量食用油烧热，放入蛋液，转小火煎至两面金黄，根据自己的喜好摆盘装饰即可。

小贴士

煎蛋时多放油

煎的时候，要多放一点食用油，这样除了让食材不粘锅，还会使菜品的口感更加滑嫩爽口。

褐色萝卜干风味佳

买萝卜干时，应挑选褐色的，其吃起来味香而咸，颜色很淡的萝卜干可能腌渍不够入味。

怎样煎出形状漂亮的荷包蛋?

1. 将鸡蛋打在小碗内,以中火烧热炒锅,并放入少量食用油。
2. 将鸡蛋液倒入锅中,待鸡蛋的底层凝固时,用锅铲将鸡蛋的一半铲起包裹蛋黄,并对折做成荷包蛋。
3. 沿着蛋缘浇一点沸水,盖上锅盖,并转小火,让荷包蛋慢慢蒸熟。增加的水分可以使荷包蛋口感柔嫩不老硬。

经典美食

煎荷包蛋

材料

鸡蛋3个,食用油1小匙

调味料

酱油1小匙

做法

1. 倒1小匙食用油入平底锅,烧热。逐一将鸡蛋打入小碗再倒入锅中,煎至凝固,以锅铲翻起盖住另一半,成半月形荷包蛋。沿蛋缘倒入少许沸水,盖上锅盖。
2. 如要吃半熟的荷包蛋,盖上锅盖焖至蛋缘略焦即可;要吃全熟的荷包蛋,则盖上锅盖转小火慢焖。
3. 淋上调味料,焖煮至汤汁收干,根据自己的喜好摆盘装饰即可。

小贴士

搭配蔬菜烹调

鸡蛋富含多种营养物质,却缺少维生素C,因此,若搭配富含维生素C的蔬菜一起食用,则可营养互补。

煎荷包蛋的诀窍

煎荷包蛋时,如果火候无法控制,就将煎锅暂时离火,利用余温将鸡蛋煎熟。

鸡蛋怎样蒸才滑嫩？

1. 将鸡蛋打散，加入适量温开水搅匀，鸡蛋和水的比例约为1：1.5。
2. 用滤网过滤杂质。
3. 锅中的水煮沸，将鸡蛋放入锅中以小火蒸7~10分钟即可。
4. 蒸蛋过程不要频频掀盖，以免降低蒸锅内的温度；此外，打开锅盖时，锅盖上的水汽也会滴落下来，进而在蒸蛋的表面形成蜂窝状的小洞，破坏成品的外观。
5. 蒸蛋时可在锅边插一只筷子，从而避免锅盖盖得太紧，同时能让锅内的水蒸气自然散掉一些。

 基本信息

 鸡蛋挑选、保存要诀

挑选鸡蛋时，以表面粗糙，外壳完整无破损、无附着污物，气室小的鸡蛋为佳。保存时，应将蛋尖朝下，并摆放在避光通风、凉爽干燥的地方，应避免高温、潮湿环境，也不可存放在密闭容器内。

 蒸蛋变化菜肴

蛤蜊蒸蛋、肉末蒸蛋、干贝蒸蛋、葱花蒸蛋。

 鸡蛋营养功效

鸡蛋有补气血、增强体质等保健功效，适宜体质虚弱、营养不良、贫血者，以及产后、病后恢复者食用；但肝炎、肾炎、胆囊炎、胆结石患者忌食；老年人，高血压、高脂血症与冠心病患者，每天吃鸡蛋不宜超过1个。

经典美食 **茶碗蒸蛋**

材料

鸡蛋1个，鲜虾1只，蛤蜊1个，香菇1朵，鱼板3片，温水1/2杯

调味料

盐1小匙，米酒1/2小匙，高汤1杯

做法

1. 鲜虾去头及壳，洗净；香菇洗净，刻花；蛤蜊泡水吐沙，洗净备用。

2. 鸡蛋打入碗中，加入1/2杯温水拌匀，再加入调味料一起拌匀，过滤后放入蒸锅，以中火蒸约3分钟至蛋液凝固。

3. 揭开蒸锅盖子，放入剩余的所有材料，转大火续蒸至熟即可。

小贴士

用干净无油容器打蛋

蒸蛋时，若发觉蛋液怎么蒸都蒸不熟，可能是因为蛋液里含有油脂。打蛋时使用干净无油的容器即可避免蛋液出现无法凝固的现象。

蒸蛋时最常见的错误

调蛋液时要用温开水，切忌用冷开水，冷开水会使蒸蛋内部出现蜂窝状小孔，影响外观和口感；入蒸锅7～8分钟后，取出蒸蛋碗稍微倾斜，当蛋液凝结不流动时，就可以离火了，蒸蛋时间过长表面会出现小孔，影响美观，口感也不够软嫩。

活用技法：蒸

以蒸的方法烹调菜肴，最大特色就是味道清淡爽口、不油腻，以隔水加热的水蒸气将食材蒸熟，可以保持食材原本的颜色和味道。

怎样做出外熟内嫩的蛋卷?

1. 打蛋液时, 将筷子微微撑开, 轻轻打散蛋液, 搅拌时间不宜过久, 且不可打到蛋液发泡, 以免蛋液失去黏稠感。
2. 先在蛋液中加入少许盐, 将平底锅以小火烧热, 倒入少量食用油, 将蛋液倒入锅中后, 快速将锅端起旋转, 让蛋液均匀地摊满整个平底锅。
3. 待蛋皮表面凝固, 用筷子从蛋皮的底侧稍卷后提起, 翻提至一半时, 再翻边略煎即可。

 经典美食

甜蛋卷

材料

鸡蛋3个, 细砂糖15~20克, 水1小匙, 食用油、葱末各适量

调味料

盐少许

做法

1. 鸡蛋打入碗中, 用筷子打散至乳黄色, 加入细砂糖、盐、葱末和水拌匀。
2. 平底锅烧热, 转小火, 倒入少量食用油摇晃一圈, 使油均匀沾满锅面。
3. 慢慢倒入一部分蛋液, 煎成一片薄蛋皮, 用锅铲将蛋皮翻起来, 往前面推卷成圆筒状, 靠在锅边缘。
4. 倒入一些蛋液, 煎出另一片薄蛋皮, 将前端卷好的蛋卷翻卷回来, 重新卷一次。
5. 若油量不足可加入少许新油, 如此来回重复, 将蛋液分次倒入锅中煎、卷, 来回推滚成厚蛋卷, 直到蛋液倒完为止, 根据自己的喜好摆盘装饰即可。

小贴士

日式厚煎蛋的做法

用海带、柴鱼片烹制料汁, 将蛋液与糖、料酒、盐、料汁一起搅拌均匀, 就可以煎出色香味俱全的日式厚煎蛋, 鸡蛋与料汁的配比是5个鸡蛋加4大匙料汁。

怎样把蛋炒得松软?

1. 打蛋之前，一定要将容器洗净擦干，然后将蛋液沿同一个方向均匀搅拌，这样做可使蛋黄及蛋清充分混匀，成品口感更松软。
2. 蛋液中加少许盐调味，可避免蛋液过快熟透。
3. 炒1个鸡蛋用15毫升左右食用油即可，油量过多会使蛋液凝结不均匀，表面会产生小气泡。
4. 待锅热再倒入蛋液，转小火，待蛋液略微凝固之后再开始拌炒，拌炒时锅铲要不断搅动，避免蛋液结块导致口感太硬太老。

经典美食

西红柿炒蛋

材料

鸡蛋3个，西红柿2个，葱末、水各少许，食用油适量

调味料

盐1小匙，糖1大匙

做法

1. 鸡蛋打散；西红柿洗净，切成不规则块状备用。
2. 锅中倒入适量食用油烧热，将蛋液放入热油中炒熟，盛出。
3. 锅中倒入少许食用油烧热，爆香葱末，放入西红柿块，加入少许水及调味料拌炒，再倒入炒熟的鸡蛋拌炒均匀即可。

小贴士

鸡蛋烹调要领

炒蛋：火旺、油多、油热，蛋液打松散，入锅后快速翻炒。

蒸蛋：蛋液搅拌好后要加温开水混合，待蒸锅里的水煮沸后放入，以小火蒸熟。

鸡蛋与其他食材混炒：把食材与鸡蛋分开炒，然后混合，这样炒出来的菜品更好看。

茶叶蛋怎样煮才能入味？

1. 将鸡蛋与冷水、盐一同下锅（若鸡蛋刚从冰箱取出，必须先回温），中火煮沸后转小火煮12分钟，捞出鸡蛋，放入冷水中浸泡，使蛋白与蛋壳分离。
2. 将蛋壳轻轻敲出裂缝。
3. 将鸡蛋放入锅里，加入适量冷水，放入红茶（茶叶或茶包皆可）、酱油、八角、红糖、五香粉、小茴香（或大蒜）及适量盐，大火煮沸，再以小火卤1小时，熄火后闷2小时。
4. 放凉后，将鸡蛋在卤汁中再浸泡一天会更入味。

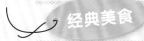 经典美食

五香茶叶蛋

材料

鸡蛋10个

调味料

红茶包2个，八角4粒，酱油1杯，水10杯，盐1小匙，五香粉1/2小匙

做法

1. 鸡蛋洗净，放入深锅中，加入半锅冷水与少许盐，以中火煮至水沸，转小火煮12分钟，捞出鸡蛋，用筷子将蛋壳轻敲出裂痕。
2. 起一锅新水，放入调味料煮开，再加入水煮蛋以小火卤1小时，熄火闷2小时，食用前再捞出即可。

小贴士

用筷子确认水煮蛋熟度

要测试水煮蛋是否已煮熟，可用筷子夹取，若可轻易把鸡蛋夹起来，则表示鸡蛋已煮熟。

第七章 米面类

怎样煮出好吃的米饭？

正确煮饭三步骤：

1. 快速洗米：不要直接使用电饭煲的内锅来洗米，应另取一个锅，加入大量冷水，以手轻柔、快速地画圈洗米，约半分钟即可倒掉洗米水，重复洗1～2次，整个洗米过程不超过3分钟，这样才不会破坏米粒的完整。

2. 事先浸泡：将大米洗干净后，加适量水浸泡20～30分钟，让米心也能充分吸水。

3. 水量适中：煮饭的水量有时不好控制，若手边没有量杯时，可用手掌来试；将洗好的米平铺在内锅中，倒入清水，想吃硬一点、略带嚼劲的米饭，就将水加至手指根部位置；喜欢软一点的口感，以水不没过手掌为准。

米饭美味小秘诀：

1. 加米酒或食用油增加光泽：可在煮饭的水中加入一点米酒或食用油，煮出来的米饭有光泽。

2. 闷10～15分钟：米饭煮好后，再闷上10～15分钟，才可掀开锅盖。

3. 打松米饭：盛饭前，用饭勺将米饭由锅底往上翻动，把冷空气打到米饭里，让多余的水汽排出，这样做出来的米饭晶莹剔透，好吃又好看。

小贴士

大米煮不熟怎么办？用陈米煮饭要注意什么？

如果米心不熟，可以将少许米酒洒在米饭上，再焖煮一下，就可将米心煮熟。用陈米煮饭时，可在大米中加少量食用油，照样可以煮出亮晶晶、香喷喷的白米饭。

怎样做出香喷喷的卤肉饭？

1. 卤肉饭要做得好吃，猪肉的肥瘦比例很重要，以肥瘦肉比例2：1为佳，将猪肉切成小丁（不要用肉末），做出的卤肉口感会更好。
2. 将红葱头或油葱酥炒香后，再放入猪肉丁，以中火翻炒至猪肉丁呈金黄色，再加酱油与调味料，直到猪肉丁入味，再加水卤煮。
3. 淋入少许米酒拌炒香菇及配料，味道会更香。
4. 加入少许冰糖，可让肉的口味层次更丰富。

卤肉饭

材料

米饭1碗，五花肉150克，猪皮80克，红葱头5粒，香菇1朵，食用油1大匙

配料

蒜头酥8克，红葱酥25克，五香粉、肉桂粉各5克，胡椒粉适量

调味料

鲜鸡粉1小匙，酱油膏1大匙，米酒2小匙，冰糖18克，陈年酱油适量，清水2杯

做法

1. 香菇泡软，洗净，切丁；红葱头洗净，切末；五花肉洗净，切小丁；猪皮洗净，切丁。
2. 锅中倒入1大匙食用油烧热，爆香红葱头末、香菇丁及配料，加入五花肉丁及猪皮丁炒匀，再加入调味料，改小火炖煮约45分钟至入味。
3. 将步骤2制成的卤汁淋在米饭上即可，也可搭配卤蛋、油豆腐、腌黄萝卜、香菜等食用。

小贴士

调味料依个人口味增减

做肉臊最难拿捏的就是酱油、水、冰糖的比例，建议以基本比例当作第一次卤制基准，以后再根据个人口味做增减，基本比例为：酱油：水：冰糖 = 1：2：1/3。在以上3种调味料中，依序再加上其他调味料一起搅拌煮熟即可。

隔夜咖喱饭怎样加热不变味?

1. 隔夜咖喱饭再度加热时，可加些牛奶或酸乳酪，口味会更好。
2. 切忌加水，以免味道越来越淡，丧失咖喱的美味。

 经典美食

咖喱蘑菇烩饭

材料

咖喱粉50克，姜2片，玉米笋2根，蘑菇、草菇各5朵，青豆仁、胡萝卜各50克，米饭1碗，食用油1大匙

调味料

A料：盐、香油各1小匙，糖1/2小匙

B料：水淀粉1大匙

做法

1. 胡萝卜洗净去皮，切丁；蘑菇、草菇、玉米笋洗净，切丁；青豆仁、姜片洗净备用。
2. 锅中倒入1大匙食用油烧热，放入姜片、咖喱粉爆香，加入除米饭外的其他材料及A料炒熟，加B料勾芡煮熟，铺在米饭上即可。

小贴士

让咖喱菜肴好吃的诀窍

　　用咖喱块做菜时，一小块要搭配400～600毫升水一起烹煮，烹煮时要不断搅动，以免汤汁及食材粘在锅底。如果在咖喱中再加入酸奶、椰汁、苹果泥、蜂蜜、橘子酱、杜果酱中的任何一样，咖喱会变得更加美味。

怎样煮出黏稠香滑的粥？

1. 想煮出黏稠香滑的粥，要在水沸后再放入大米，让淀粉更易释出并溶于汤中。煮沸后无须关小火，继续大火熬煮，就可让粥变得黏稠，也更有利于人体消化和吸收。
2. 熬煮米粥时容易溢锅，在锅中加入5~6滴食用油，就可避免粥汁溢锅了。

 经典美食

皮蛋瘦肉粥

材料

皮蛋2个，咸蛋2个，白粥8杯，猪瘦肉200克，油条1根，水适量

调味料

A料：淀粉1大匙

B料：盐适量

C料：嫩姜丝适量，葱花少许

做法

1. 皮蛋、咸蛋去壳，切块备用；猪瘦肉切薄片，加入A料拌匀；油条切段。
2. 锅中倒入半锅水煮沸，放入白粥、猪瘦肉片煮熟，加入B料、皮蛋块、咸蛋块煮匀，即可熄火。
3. 将煮好的皮蛋瘦肉粥盛在碗内，放上油条段，撒上C料即可。

小贴士

掌握煮粥加水的诀窍

　　要将粥煮得浓稠，最重要的是掌握水量，大米和水的比例依照粥的浓稠度各有不同。全粥：大米1杯，水8杯；稠粥：大米1杯，水10杯；稀粥：大米1杯，水13杯。大米洗完后先浸泡30分钟，让米粒充分吸收水分，就可以熬出又软又稠的米粥。

蛋包饭的蛋皮该怎样煎？

1. 煎锅内均匀涂上一层食用油，用中火持续加热20～30秒，至油面冒出小气泡再转小火，倒入打好的蛋液。蛋液可先加少许水淀粉打匀，以增加蛋皮的张力。
2. 蛋液要迅速倒进油锅，并不断转动让蛋液均匀摊开，等一面熟了再翻面煎，就可以煎出漂亮的蛋皮。

基本信息

西红柿挑选、保存要诀

挑选西红柿时，要选择颜色均匀，外形圆润，蒂部滋润、呈鲜艳的绿色，握在手上有沉重感者。将蒂部挖除后，凹陷处要仔细清洗，洗好的西红柿可装在保鲜袋内，放入冷藏室保存。尚未成熟的西红柿可放在室温下保存。

蛋皮变化菜肴

蛋皮菠菜卷、蛋皮寿司、蛋皮手卷、蛋皮凉面。

西红柿营养功效

西红柿有减肥、降血压的功效，可清热解渴、健胃利尿，适合老年人和高血压、冠状动脉粥样硬化性心脏病、肾炎、肝炎患者，以及牙龈出血、食欲不振者食用。西红柿加其他食材一同烹调也有不同的功效，西红柿粥有生津止渴、健胃消食的作用，西红柿炒蛋可补脾养血、补肾利尿、滋阴生津。

活用技法：煎

热锅时要小火、少油，蛋液先加入少许盐及淀粉拌匀；蛋液下锅后快速将锅端起旋转，让蛋液均匀地摊满平底锅；待蛋皮表面凝固后，用筷子从蛋皮的底侧稍卷后提起，要先翻提一半，再慢慢翻边略煎即可。煎好的蛋皮冷却后，可切成片或丝搭配其他菜肴，煎蛋皮颜色鲜艳，可增加菜肴的口感和风味。

西红柿培根蛋包饭

材料

糙米饭450克，鸡蛋3个，西红柿1/2个，培根1片，香菜2根，乳酪粉1大匙，食用油适量

调味料

A料：淀粉1大匙，盐1/2小匙

B料：盐、黑胡椒粉各1小匙

C料：黑胡椒粉适量

做法

1. 西红柿洗净，放入沸水中氽烫，捞出，撕掉外皮，切丁；培根切小块；香菜去梗洗净，1根切段，1根切末。

2. 鸡蛋打散，加入A料调匀，倒入热油锅中，煎成蛋皮备用；锅中倒1大匙食用油烧热，放入西红柿丁、培根块炒匀，再加入糙米饭炒至干松，加入香菜末和B料调匀，盛起，以扣模扣成椭圆形备用。

3. 蛋皮摊开，放入炒好的培根饭，撒上乳酪粉，慢慢翻卷起来制成蛋包饭，撒上C料、香菜段即可。

小贴士

用深碗倒扣蛋皮不易破

蛋皮煎好后，先取一只深碗，在碗内铺入保鲜膜（避免蛋皮粘碗），再铺入蛋皮，填入适量炒饭，并将蛋皮四边向中间折，再取一个浅底盘子倒扣在碗上，最后将碗翻转，蛋包饭即可顺利地扣入盘中。

新手烹调蛋包饭不失败的秘诀

秘诀一：选用平底锅，可以更好地煎蛋皮。

秘诀二：蛋液中加少许淀粉搅拌，使蛋皮更具张力。

秘诀三：用碗倒扣蛋皮，即可做出漂亮的蛋包饭。

怎样炒出粒粒分明的炒饭？

1. 要选冷饭，炒前将米饭充分搅松，让饭粒更好地分散开来。炒饭的饭量尽量不超过3人份，以便更好地掌握炒饭的火候。

2. 先上锅热油，倒入蛋液炒成蛋花，盛起备用；再倒入食用油加热，放入葱花、大蒜末等香辛料爆香，加入冷饭炒匀，最后放入蛋花和其他配料。

3. 如果不喜欢口感干硬的炒饭，又怕加水会使饭粒黏糊，可加少许料酒一起拌炒。因料酒易挥发，水分不会残留在米粒之中，这样不会使炒饭变黏糊，反而会使炒饭更香。

4. 炒饭时需掌握的要领：火要旺、油要热、锅要滑、动作要快。如此方能炒出粒粒分明的炒饭。

基本信息

粳米挑选、保存要诀

挑选：以米粒完整、呈半透明状，没有杂质和虫蛀、不发霉者为佳。

保存：粳米开封后，宜装在密闭容器中保存，并于保存期限内食用完。

粳米营养功效

粳米是稻米碾去胚芽、脱掉米糠之后精制的白米，含有丰富的蛋白质和碳水化合物。粳米还含有维生素B_1、维生素B_2、烟酸等，维生素B_1可以促进碳水化合物的代谢，提供身体所需的能量，使人迅速恢复体力，缓解疲劳；烟酸可以促进血液循环，有助于性激素和胰岛素的合成。粳米还含有钾、磷、锌等营养成分。

炒饭变化菜肴

虾仁炒饭、什锦炒饭、肉丝炒饭、火腿炒饭、三文鱼炒饭、香肠炒饭、酸白菜炒饭、培根炒饭、叉烧饭、菠萝炒饭、咖喱什锦炒饭、西红柿牛肉炒饭、猪肝炒饭、海鲜炒饭、意式墨汁炒饭、韩式泡菜炒饭、素炒饭。

经典美食 **什锦蛋炒饭**

材料

米饭300克，火腿50克，熟豌豆仁、洋葱各30克，鸡蛋1个，玉米粒30克，食用油3大匙

调味料

盐1/3小匙，酱油1小匙，白胡椒粉1/4小匙

做法

1. 鸡蛋打入碗中搅匀成蛋液；火腿切丁；洋葱去皮，洗净切丁。
2. 锅中倒入2大匙食用油烧热，淋入蛋液炒熟，盛出备用。
3. 锅中倒入1大匙食用油烧热，放入洋葱丁、火腿丁炒香，加入米饭及熟豌豆仁、玉米粒，最后加入炒蛋、调味料炒匀即可。

小贴士

炒饭用油的选择

想要炒出香味十足的炒饭，用油以猪油为佳。但猪油热量很高，不符合现代人健康养生的观念，将两三种植物油混合，也可炒出有独特香味的炒饭，例如，葵花子油、蔬菜油与香油混合，炒出来的饭就有淡淡的清香味。

炒饭的正确动作

炒饭时，正确的动作是拿着锅铲，沿着锅底翻动食材，把下面的食材不断地翻炒上来，以求所有食材的熟度保持一致，达到色香味俱佳的效果。

 活用技法：大火快炒

炒饭时最大的要诀便是大火快炒。如果家中煤气灶的火力不够大，可以将两个灶眼交替使用。一个灶用来烧热干锅，另一个灶则正常炒饭，待干锅温度够热时，再把正在炒的食材和饭料全部倒入热腾腾的干锅中快炒，也可以达到大火快炒的效果。

牛肉炒饭怎样炒牛肉不会老？

1. 先用大火炒散牛肉，再加入米饭和其他配料，将锅提起、翻动数下，使饭粒和配料混合均匀，最后再加入调味料提味。
2. 如果饭的分量不多，仅有2～3人份，不妨把调味料和香辛料先加入熟饭中混合拌匀再炒，这样可以提高炒饭的速度，也能避免牛肉炒得过老、不好吃。

 **经典美食** ## 沙茶牛肉炒饭

材料

牛里脊肉300克，芥蓝菜100克，米饭1碗，葱1根，红辣椒1个，大蒜（去皮）1瓣，洋葱1/4颗，食用油适量

调味料

A料：蛋黄1个，水淀粉、盐、糖、酱油各1小匙

B料：沙茶酱1大匙，盐、胡椒粉、糖各1小匙

做法

1. 将除米饭、食用油以外的所有材料洗净。葱切段，洋葱切丝，大蒜、红辣椒均切片；芥蓝菜切斜段，放入沸水中氽烫，沥干水备用。
2. 牛里脊肉切片，放入碗中，加入A料腌约10分钟，过油略炸，捞出，沥干油备用。
3. 锅中倒1大匙食用油烧热，放入葱段、红辣椒片、大蒜片、洋葱丝炒香，加入其余所有材料炒匀，再加入B料，大火快炒入味，盛碗即可。

小贴士

牛肉用蛋黄抓拌再过油更软嫩

　　牛里脊肉片先用蛋黄抓拌，再过油炸，这样炒出来的牛肉比较软嫩，还会散发出蛋黄的香味。

乌冬面怎样煮才会弹牙?

1. 生乌冬面不易煮熟，可以在煮面时加入1小匙盐，以使面中的面筋凝结，如此便可轻易将乌冬面煮熟。熟乌冬面用沸水烫一下即可食用。
2. 生乌冬面煮熟后，须用冷水漂洗，如此一来，乌冬面才会有弹性。
3. 锅中加水，煮至锅底有小气泡时，下入乌冬面，轻轻搅动几下，盖上锅盖等水烧开，再加入适量冷水，待水沸时乌冬面便煮熟了。
4. 煮乌冬面时不宜用大火，大火会使面条表面形成黏膜，让热量不易往面条内部传导，且面条在沸水中翻滚时会使汤汁变糊。

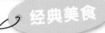 经典美食

白汤猪骨乌冬面

材料

乌冬面150克，卤蛋半个，上海青2棵，鱼板2片，鱼丸2粒，卤肉厚片3片

调味料

盐1小匙，七味辣椒粉少许，猪大骨高汤2碗

做法

1. 乌冬面放入沸水中煮熟，捞起，盛入碗中；上海青洗净，放入沸水中焯熟，捞起，沥干备用。
2. 将猪大骨高汤加热，放入卤蛋、卤肉厚片、鱼丸及鱼板煮至入味，加入盐和七味辣椒粉调匀，将所有食材捞出摆在乌冬面上，再摆上上海青，加入猪大骨高汤即可。

小贴士

煮面时加盐避糊烂，加油避黏结

煮面条时，在水里加少量盐，面条就不容易糊烂；加一点食用油，面条便不会黏结成团，也可防止面汤起泡、溢锅。

面条怎样煮才不粘锅?

1. 等锅中的水烧开再放入面条,待水再度煮开后,加入1杯冷水,再煮至面熟。
2. 当面条粘在一起时,在锅中放入1小匙食用油,可改善粘锅现象,面汤也不易外溢。

榨菜肉丝面

材料

面条、猪里脊肉、榨菜、葱花、食用油各适量,油葱酥2大匙,胡萝卜2片

调味料

酱油膏2大匙,水1碗,糖1小匙,猪骨高汤2碗

做法

1. 榨菜、猪里脊肉洗净,切丝;胡萝卜片放入沸水中煮熟,捞起备用。
2. 起锅倒少许食用油烧热,放入猪里脊肉丝炒至颜色变白,加入榨菜丝拌炒均匀,最后加入油葱酥及酱油膏、水、糖煮沸,转小火煮20分钟至入味。
3. 面条放入沸水中煮熟,捞起,盛入碗中,摆上胡萝卜片和葱花,放上炒好的榨菜肉丝,冲入热猪骨高汤即可。

小贴士

榨菜烹煮前先泡水

　　脆香的榨菜是取芥菜肥大根茎部加工腌渍而成的,咸味偏重。市场上买到的榨菜大都暴露在空气中,时间一久,就会变得有点干硬。超市里的真空包装榨菜,则能较好地保持香脆的口感。烹煮前,一定要用清水反复浸泡榨菜,减少其盐分,避免菜肴过咸。

面线怎样煮才不会糊？

1. 煮面线的水要多一点，并加入少许食用油，这样可增加面线的润滑度，使面线下锅煮时不易结成块。
2. 面线煮的时间不宜过久，以免煮糊。
3. 下锅前，可以先将面线剪成小段，然后再煮，也可避免面线结成糊块。

 经典美食

当归鸭面线

材料
鸭腿1只，红面线200克，细姜丝75克，水适量

中药材
当归2片，黄芪75克，熟地黄1/2片，川芎1两

调味料
米酒1大匙，盐少许

做法

1. 鸭腿去毛，洗净，放入沸水中汆烫，捞出备用；细姜丝洗净，沥干备用。
2. 锅中倒入适量水，放入中药材、鸭腿，大火煮沸后，转中小火熬煮至鸭腿软烂，加入调味料，备用。
3. 红面线剪成小段，以清水洗净，放入步骤2的汤中煮熟。将红面线连同鸭腿一起捞出，盛入碗中，加入过滤后的汤汁，撒上细姜丝即可。

小贴士

保持面线汤汁清爽的诀窍

面线烹调前需用清水冲洗，充分去除盐分，以免过咸，并保留面线香味。面线和当归鸭要分开煮熟，以免面线的淀粉质与面筋溶入汤中，造成汤汁过于浓稠，这样整体的口感会变得黏糊不清爽。

煮面线时可加少许香油

如果要做干拌面线，那么煮面线前可以在水中先加入适量香油，然后再放面线，或者在盛起面线时，加入香油拌匀。不可用食用油，以免影响面线的味道。

牡蛎面线怎样煮牡蛎不变小？

牡蛎肉质软嫩，鲜味十足，且含有大量水分。为了保持牡蛎鲜甜的滋味，可以先将牡蛎裹一层淀粉，再进行氽烫，淀粉吸水性强且粗糙，能将牡蛎表面的黏膜搓去，既可以去除腥味，还可以形成保护膜，有效防止牡蛎的鲜味物质在加热的过程中流失。

 经典美食 ## 牡蛎面线

材料

红面线110克，大蒜3瓣，牡蛎150克，猪大肠70克，红葱头5粒，柴鱼片2大匙，虾皮1大匙，香菜少许，猪油适量

调味料

A料：水淀粉4大匙

B料：八角1粒，花椒1小匙，米酒1大匙，水3杯

C料：胡椒粉1/2小匙，酱油2大匙，糖、盐、香油各1小匙，高汤6杯

做法

1. 红葱头洗净，切片；香菜洗净，切小段；大蒜去皮磨成泥；猪大肠洗净，加入2大匙水淀粉搓揉去腥，再以清水冲净，放入锅中，加入B料煮1小时，熄火闷40分钟，捞出，切小段。

2. 牡蛎洗净，沥干，放入碗中以2大匙水淀粉抓拌均匀，放入沸水中烫熟，捞出，沥干；红面线剪短，放入水中泡10分钟，捞出。

3. 锅中倒入1大匙猪油烧热，爆香红葱头片及虾皮，加入C料及柴鱼片，煮开后再加入红面线煮熟，最后加入牡蛎及猪大肠段，盛出，撒上大蒜泥、香菜即可。

小贴士

煮面线的技巧

面线煮熟后，可以过一遍冷水，以增加面线的弹性，其口感会更好。面线的汤汁要先勾好芡，再加入煮熟的面线，这样汤汁里的食材与面线都能保持各自的风味，面线也不会结块，之后再加上适当的调味料，就是一碗美味的面线羹。

米粉怎样炒才不会粘成团？

1. 米粉炒之前，应先泡冷水或温水，不能用热水泡，因为泡过热水的米粉炒起来容易断裂。
2. 米粉浸泡的时间不宜过久，以1小时左右为宜，泡软后即可捞起，沥干备用。
3. 炒米粉时，一定要等所有材料炒入味后再放入米粉，以免米粉炒太久变糊烂。米粉下锅后，要立即加入热高汤或热水一起拌炒，以免米粉遇热后粘锅底烧焦。
4. 可以同时使用筷子与锅铲炒拌，用筷子将米粉翻散，再用锅铲将其他食材与米粉均匀混合，这样米粉就不会结成一团。

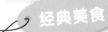 经典美食

炒米粉

材料

米粉半包，猪肉丝、圆白菜丝及胡萝卜丝各50克，虾米20克，韭菜30克，干香菇2~3朵，食用油1大匙

调味料

A料：酱油1大匙

B料：盐1/2小匙，高汤1杯

做法

1. 韭菜洗净，切段；米粉泡温水至软，沥干；干香菇泡软，去蒂，切丝；虾米洗净，泡软，沥干。
2. 锅中倒入1大匙食用油烧热，爆香虾米、香菇丝，放入猪肉丝炒至八分熟，加入A料拌炒，再加入圆白菜丝、胡萝卜丝及B料煮沸，最后加入米粉、韭菜段炒至汤汁收干即可。

小贴士

虾米要充分爆香

虾米一定要充分爆出香味，这样炒出来的米粉才会香气四溢，还可加入适量高汤一起炒，味道会更浓郁。

小火焖煮更入味

当全部材料及米粉炒匀后，盖上锅盖以小火焖煮一下，让米粉充分吸收汤汁，炒出来的米粉会更入味。

煮饺子总共要加几次水？

1. 等水煮沸后，再放入饺子，并用勺子轻轻搅拌，避免饺子粘在锅底。水量一定要足，饺子才不会糊烂。
2. 煮饺子一般加两次水即可，但也要以饺子的馅料及大小来考量。如果饺子大、馅料多，煮饺子的锅小或水量不够多，加三次水会更好。
3. 每次的加水量不要太多，以免饺子皮过软。
4. 饺子刚下锅时，不要盖上锅盖，等饺子皮煮熟后再盖锅盖。

经典美食 **大白菜饺子**

材料
冷水面团1份，大白菜1棵（约800克），猪肉末300克，葱2根，姜3片，虾米20克，食用油2大匙

调味料
香油1大匙，胡椒粉1小匙，盐2大匙

做法

1. 大白菜洗净，剁碎，加入盐抓捏出水。
2. 葱、姜分别洗净，切成细末；虾米洗净后泡水，沥干切碎。
3. 碗中放入猪肉末，加入葱末、姜末、虾米、食用油及香油、胡椒粉拌匀，再加入大白菜末拌匀，即成馅料。
4. 冷水面团搓成长条，分成小段，擀成圆形饺子皮；饺子皮摊开，放入馅料，收口捏紧。
5. 将包好的饺子放入沸水中煮沸，加入1杯水，待水沸后再加1杯水煮沸即可。

小贴士

适合搭配饺子的调味料

适合与饺子等面食搭配的调味料有酱油、香油、花椒油、白醋、陈醋、大蒜末、辣椒酱、辣椒丁等，可依个人喜好，按需求调制。

第八章 汤品类

[基本高汤的制作]

鸡肉高汤
材料

老母鸡肉1200克，姜块100克，清水15杯

做法

1. 老母鸡肉洗净，切块，放入沸水中氽烫3分钟，去除腥味和血水，捞出冲净。
2. 锅内加入15杯清水煮沸，放入鸡肉块、姜块，大火煮沸后改小火熬4小时，至鸡肉熟烂，水量减少一半后过滤即可。

猪骨高汤
材料

猪大骨600克，五花肉块600克，葱1根，姜1小块，水10杯

做法

1. 猪大骨洗净，切块，放入沸水中氽烫3分钟，去除血水后捞出冲净；葱洗净，切段。
2. 锅中倒入10杯水煮沸，加入猪大骨块、五花肉块、葱段和姜块，大火煮沸后改小火煮2～3小时，至水量剩下一半即可。

羊肉高汤
材料

羊肉600克，姜1块，米酒2大匙，水10杯

做法

1. 羊肉切小块，氽烫去血水，捞出冲净。
2. 锅中倒入10杯水煮沸，放入羊肉块、姜块，和米酒一起炖煮1小时即可。

牛骨高汤
材料

牛大骨块约600克，牛腱块600克，葱段适量，姜1块，水10杯

做法

1. 牛大骨块、牛腱块均放入沸水中氽烫，至汤汁变浊，水面浮现小泡沫和杂质，即可捞出冲净。
2. 将所有材料放入大锅中，大火煮沸，改小火煮2～3小时，至锅中水量减少一半，捞出残渣，留下汤汁即可。

排骨高汤
材料

猪肋排600克，葱段适量，姜3片，米酒1小匙，水15杯

做法

1. 猪肋排洗净，切块，放入沸水中氽烫5分钟，至骨髓中的杂质浮出水面时捞出，冲去血水和浮沫，洗净。
2. 锅中加入15杯水煮沸，放入猪肋排块、葱段、姜片、米酒，大火煮沸后改小火熬煮1～2小时，至水量减少一半即可。

蔬菜高汤
材料

胡萝卜1根，土豆、洋葱各2个，圆白菜1棵，西红柿3～4个，水10杯

做法

1. 胡萝卜、土豆、洋葱分别洗净，去皮切块；圆白菜洗净，剥取叶片；西红柿洗净，切块。
2. 锅中倒入10杯水煮沸，放入胡萝卜块、土豆块、洋葱块和圆白菜煮1小时，加入西红柿块再煮1小时，至水量减少一半，捞出残渣，留下汤汁即可。

鲜鱼高汤
材料

鲜鱼1条，姜80克，葱2～3根，米酒1～2大匙，水10杯

做法

1. 鲜鱼去除内脏，洗净；姜去皮洗净，切成2～3小块；葱洗净，切段。
2. 锅中倒入10杯水煮沸，放入鲜鱼、姜块和米酒煮20～25分钟，加入葱段再煮5分钟即可。

柴鱼高汤
材料

柴鱼75克，海带结100克，洋葱1个，水10杯

做法

1. 洋葱去皮，切丁，放入大锅中加水煮沸，再加入海带结熬煮1小时。
2. 加入柴鱼，熄火，浸泡一夜至柴鱼入味即可。

[煮汤器具]

炖锅

可选择耐热的瓷锅直接放在炉火上炖煮。市面上还有省时省力的电子炖锅，可供忙碌的人选用。只要在电子炖锅中放入材料，加入适量水，插上电源，视需要调整火力，煮至开关跳起，一锅汤就完成了。

开关跳起后，别急着打开锅盖，利用保温效果多闷15分钟左右，让锅内的余热持续闷煮食物，汤品会更加入味。

砂锅

用陶土或砂土烧制而成的砂锅，可以长时间炖煮，常用于较花工夫的煲汤或炖汤，其特色是能够让食材的美味完全发挥。

由于砂锅的保温效果非常好，煮出来的汤品汤汁浓郁，食材的原汁原味及营养成分也能得到保留。不过砂锅的导热性较差，很容易出现裂纹，使用与保养时要特别留意。

隔水炖盅

隔水炖盅适用于隔水加热的间接加热法，这样能够避免食材翻滚碰撞，既能维持食材的外观完整，又能确保其营养不流失，蒸炖汤品的效果很好。

隔水炖盅分为内锅及外锅，煮汤时必须先把食材放入内锅，加水盖过食材，再于外锅中倒入适量水，盖上锅盖，按下开关，隔水炖盅就会自动以热蒸汽的加热方式加热食物。其热力很均匀，因此在烹调过程中食物的原味也能得到保留。

汤锅

无论煮哪一种口味的汤品，使用传热速度快、聚热性好、锅底厚实且锅身沉重的汤锅，都是不错的选择。

底部薄的汤锅很容易使食材粘在锅底被烧焦，一般的不锈钢或铝合金锅可以避免这种情况。汤锅的种类很多，锅身也有大小差异，可依照不同的烹调方式与容量自由选择。

怎样煮一锅好汤?

1. 煮汤时,应尽量选用足够大的锅,一次放够水,然后慢慢熬煮汤汁。切忌随时加水,这样会破坏汤的味道。
2. 随时将浮沫捞出,但不要将油脂一起捞出,等汤熬煮完成后,再将油脂去除。
3. 煮好的汤如果太咸,切记不要再加水进去,可以将西红柿切成薄片放入汤里,或者放入一个去皮的土豆,再煮15分钟后将其捞起,这样汤就不会太咸了。

 经典美食

冬瓜海鲜汤

材料

冬瓜300克,海参、虾仁、鱼肉各150克,干贝50克,姜3片,葱末1大匙,清水1200毫升,食用油1大匙

调味料

盐适量

做法

1. 冬瓜去皮,洗净,去籽后切小块;海参洗净,切成4块;虾仁洗净,挑去泥肠;鱼肉洗净,切斜块;干贝泡软,撕成细丝备用。
2. 锅中放入1大匙食用油烧热,放入姜片爆香,倒入清水以大火煮沸,放入冬瓜块续煮15分钟。
3. 放入海参块、虾仁、鱼肉块及干贝丝,以小火续煮15分钟,起锅前加入调味料,撒上葱末即可。

小贴士

挑选海参小诀窍

　　海参分为已泡发的和干品两种,市面上出售的大多是已经泡发的,选购时应挑选外形短胖、表面尖疣明显、坚硬有弹性的;过于柔软且黏腻者,品质较差。至于干海参,因为其泡发过程复杂,一般家庭较少选用。

海参的营养价值

　　海参的蛋白质含量丰富,且易消化,体虚者可适当食用,多吃海参有助于调控血压。

炖汤的食材应何时下锅？

1. 炖汤的食材通常体积较大、质地密实，应该冷水下锅，让食材随着水温的上升，慢慢释放出营养与香气。
2. 若在沸水中加入食材，其外层突然受到高温作用，则表面会凝固，从而阻碍食材本身的蛋白质等营养成分的释放，成品味道也会受影响。

经典美食 ## 牛肉罗宋汤

材料

牛腩450克，西红柿2个，土豆、洋葱各1个，葱末1大匙，清水适量

调味料

A料：胡椒粉1/4小匙

B料：盐1小匙

做法

1. 牛腩洗净；西红柿洗净，去蒂；土豆洗净，去皮；洋葱去皮。均切小块备用。
2. 汤锅中倒入半锅水烧沸，放入牛腩块汆烫，捞起，沥干备用。
3. 锅中放入牛腩块、西红柿块、土豆块及洋葱块，加入A料及清水，盖紧锅盖，以大火煮沸，转小火续煮15分钟，起锅前加入B料调匀，撒上葱末即可。

小贴士

牛腩的选购与保存要点

购买牛腩时，要选择色泽鲜红、肉质有弹性者。如果打算在2～3天内食用，要选择新鲜牛肉，其肉质较鲜嫩，否则可选购冷冻牛肉，其保存期限较长。

煮汤时为何不可以先加盐？

1. 盐能使蛋白质凝固，过早加入会使食材无法充分吸收汤汁，其表面也会变硬。
2. 最好在汤要起锅前再加盐调味，万一汤味过咸，用滤茶袋或卤味包的小布袋装些面粉，放在汤里煮一会儿，就可减轻咸味。

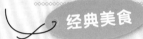 经典美食 ## 菠菜猪肝汤

材料

菠菜、猪肝各200克，姜3片，姜丝1大匙

调味料

A料：酱油1小匙，淀粉2小匙

B料：高汤6杯

C料：盐2小匙

做法

1. 菠菜洗净，切段；猪肝洗净，切片，放入碗中，加入A料拌匀，腌渍10分钟备用。
2. 将腌好的猪肝放入沸水中氽烫，捞出，沥干备用。
3. 汤锅中倒入B料煮开，放入姜片及猪肝片煮熟，加入菠菜段及C料调匀，撒上姜丝即可。

小贴士

猪肝需氽烫去血水

不论是烫煮还是煎炒，猪肝在烹调前都要去血水。猪肝沸水下锅，烫10秒起锅，立即冲冷水去除血水和杂质。

贝类煮汤好喝的秘诀是什么？

1. 贝类烹煮前要先清洗，之后最少泡水30分钟，才可以取出烹调。
2. 贝肉较肥厚者，贝壳内部容易有腥味和其他杂质，烹煮前可以用沸水汆烫，去除腥味及杂质，煮出来的汤汁也比较清澈。
3. 制作勾芡的羹汤，必须先勾芡再加入贝类，还可以加入少许米酒提鲜，同时边煮边搅拌，避免汤汁结块而影响口感。

经典美食　　## 瑶柱萝卜蛤蜊汤

材料
白萝卜400克，蛤蜊、排骨各300克，干贝40克，姜2片，清水6杯，葱末适量
调味料
盐1/2小匙
做法
1. 白萝卜去皮，洗净，切块；干贝泡软，撕成细丝；蛤蜊泡水吐沙；排骨切块，汆烫后洗净备用。
2. 汤锅中放入白萝卜块、排骨块、干贝丝及姜片，倒入清水，以大火煮沸后转小火煮40分钟，放入蛤蜊续煮3分钟。
3. 起锅前加入调味料，撒上葱末即可。

小贴士

吐沙时可加1大匙盐

烹煮蛤蜊或其他贝类前，需泡水让其吐沙。在水中加入1大匙盐，并放入1把铁汤匙，可加快贝类吐沙的速度。

干贝泡发有诀窍

干贝在烹调前要先泡发，如果放在沸水中直接泡，虽然泡发很快，但是其鲜味全失；最好放在冷水中浸泡3～4小时，再蒸1～2小时，才能保留干贝的鲜味。

怎样煮出香浓的味噌汤？

1. 味噌是浓缩发酵品，通常只要用一点就很够味，若长时间熬煮，则高温会使其鲜味及发酵香味丧失，只留下咸味。因此，应注意控制好煮汤时间。
2. 以2∶1的比例调配白味噌与红味噌，煮出的味噌汤顺口香浓。可加少许糖、水与味噌调匀，这样糖可收敛味噌的咸味，让汤的味道更顺口。
3. 调好的味噌汁先过筛去掉颗粒，口感更均匀细腻。如果不用水调匀味噌，那么可将味噌放在沥勺上，用大汤匙挤压味噌，再倒入煮沸的汤中。
4. 煮味噌汤时，最好先将材料煮熟，再加味噌拌匀，煮沸后立即熄火。
5. 夏天煮味噌汤应煮得清淡些，冬天则可多加点味噌，煮得浓郁点。

经典美食　味噌汤

材料

豆腐100克，葱1/2根

调味料

A料：红味噌20克，水1杯

B料：白味噌40克，水2杯

做法

1. 豆腐以凉开水冲净，切块，放入碗中；葱洗净，切末。
2. 将A料和B料分别放入碗中调匀，过筛备用。
3. 将红味噌汁、白味噌汁倒入锅中混合均匀，大火煮沸。
4. 将煮沸的味噌汁冲入豆腐碗，撒上葱末即可。

小贴士

日式高汤做底，汤汁更甘甜

　　将100克柴鱼、长约20厘米的海带和12杯水一起倒入锅中，加入少许小鱼干，水沸后转小火煮5分钟，就是日式高汤。以日式高汤作汤底煮味噌汤，汤汁更甘甜香醇。

海带怎样煮软得最快？

1. 使用干海带烹调前，将其先放入蒸笼内蒸30分钟，取出后在水中浸泡2小时，可让干海带变软易煮，缩短烹调时间。
2. 海带是不容易熟的食材，但煮太久又会变硬。煮海带汤时，在汤里加些醋，可软化海带；若以骨头汤来煮海带，加醋也可让骨头中的钙、磷等矿物质充分溶解在汤中，让汤更有营养。

经典美食　　## 海带排骨汤

材料
排骨300克，海带200克，姜30克，水6杯
调味料
盐1大匙
做法
1. 海带放入水中浸泡15分钟，捞出备用。
2. 海带放入沸水中汆烫，捞出，沥干；姜去皮，切丝。
3. 排骨洗净，切小块，放入沸水中汆烫去除血水，捞出，沥干。
4. 锅中倒6杯水，放入排骨块，以小火煮20分钟，加入海带及姜丝煮软，再加调味料调匀即可。

小贴士

先烫再煮快熟软

　　海带适合煮汤、凉拌、红烧、炖卤，烹调前先烫过再煮，可以较快地变熟软，也更易入味。

怎样煮出清澈的排骨汤？

1. 将排骨放入沸水中氽烫去除血水，然后加2片姜和适量水，以快锅炖煮45分钟。如果家中没有快锅，可以用其他锅炖煮，但在熬煮的过程中要不断地撇去冒出的浮沫。
2. 待汤冷却后，先将其放入冰箱冷藏室冷藏，使油脂凝结于汤的上层，捞去凝结的油脂后再加热食用，就可以喝到既营养又健康的清澈排骨汤。

 经典美食

玉米排骨汤

材料

小排骨300克，玉米100克，姜3片，香菜、水各适量

调味料

盐1小匙

做法

1. 小排骨洗净，切块，放入沸水中氽烫，捞起，以清水冲净；玉米洗净，切块备用。
2. 锅中倒入半锅水煮沸，放入小排骨块煮15分钟，加入玉米块、姜片续煮10分钟，最后加入调味料，撒上香菜调匀即可。

 小贴士

煮汤的秘诀

　　煮汤的八字秘诀就是"旺火烧沸，小火慢煨"。小火才能让排骨中的蛋白质完全析出，使排骨汤香浓又清澈。煮汤的水要一次加足，不要中途再加水，通常煮汤的用水量是食材体积的3倍左右。

隔水炖汤与直接煮汤有何区别？

1. 无论隔水炖汤还是直接煮汤，都要先将主食材氽烫去血水。
2. 隔水炖汤指将氽烫过的食材洗净后，再加入清水，放入炖盅隔水炖。因为有密闭盖，可隔绝水蒸气，炖出来的汤汁更清爽、不混浊，还能保持食材的原汁原味，且食材的外形更完整，适用于大块食材。直接煮汤则是将材料全部放入锅中，再将锅直接放于火上加热熬煮，其汤汁越煮越少，食材易煮得松软，适用于小块食材。

经典美食 ## 清炖羊肉汤

材料

羊腱子肉600克，大蒜2瓣，姜15克，洋葱1/2个，西芹2根，西红柿1个，胡萝卜1/2根

调味料

盐1小匙，黑胡椒粉1/2小匙，米酒1大匙，高汤2000毫升

做法

1. 大蒜去皮；姜洗净，切片；洋葱洗净，去皮，切块；西芹洗净，去老茎，切段；西红柿洗净，去蒂，切块；胡萝卜洗净，去皮，切块；羊腱子肉切块，以沸水氽烫，捞出，去除血水洗净备用。
2. 容器中放入羊腱子肉块、胡萝卜块及高汤，移入蒸锅，以大火蒸煮约45分钟，加入剩余材料续蒸约15分钟，加入盐、黑胡椒粉、米酒拌匀即可。

小贴士

去除羊肉膻味小技巧

1. 煮羊肉时，将萝卜块和羊肉一起煮，半小时后取出萝卜块，可减轻羊肉的膻味。
2. 清炖羊肉时，加入大蒜同煮，可减轻羊肉的膻味，提升汤汁的滋味。
3. 羊肉与茴香或咖喱一起煮，也可以去除膻味。
4. 1000克羊肉与25毫升醋及500毫升冷水同煮，水沸时取出羊肉，可减少羊肉的膻味。

汤汁的浓稠度怎样掌握?

1. 想要使汤汁变浓，可在汤汁里勾芡。
2. 先将食用油烧热，再把热油冲入汤汁，待汤汁和油混合后，盖锅盖大火焖烧一下，汤汁也会变得浓稠。
3. 如果汤汁过于油腻，那么可准备一张紫菜，在火上烤过后立刻放入汤里，这样可以让汤汁变得清爽。

经典美食　　**酸菜肚片汤**

材料

猪肚600克，酸菜150克，姜6片，葱2根，姜丝、葱末1大匙，水8杯

调味料

A料：米酒1大匙

B料：盐1小匙

做法

1. 葱洗净，切段；猪肚洗净，放入沸水，加入姜片汆烫，捞起后沥干，切片；酸菜洗净，切丝。
2. 锅中倒入8杯水烧开，放入猪肚片、葱段和A料以小火煮3.5小时，加入酸菜丝略煮，最后加入B料调味，撒上姜丝、葱末即可。

小贴士

冷水小火慢炖

　　熬汤宜用冷水小火慢炖，让食材中的蛋白质慢慢溶解在汤里，这样汤汁才会鲜美。不能用沸水熬汤，因为沸水会让食材中的蛋白质快速凝固，使汤汁变得混浊，食材中的营养成分也无法溶解到汤里。

盐与酱油要最后再加

　　熬汤时不宜过早加入盐或酱油，盐和酱油会加速食材中蛋白质的凝固，也会使肉里的水分快速释出。

怎样去除苋菜汤的涩味？

苋菜的营养价值高，铁与钙的含量均高于等量菠菜，但也因其含有丰富的草酸，所以吃起来会有涩味。烹调前先将苋菜用沸水氽烫，去除草酸，便能减轻其涩味，吃起来也会更清香。

经典美食 ## 银鱼苋菜羹

材料

苋菜300克，银鱼100克，大蒜2瓣，葱末1大匙，清水2杯，食用油2大匙

调味料

A料：盐1小匙

B料：水淀粉2大匙

做法

1. 苋菜去根，洗净，切小段，过沸水快速氽烫，沥干备用。

2. 大蒜去皮，洗净，切末；银鱼洗净，沥干。

3. 锅中倒入2大匙食用油烧热，爆香大蒜末，放入苋菜段炒熟，加入银鱼、A料及清水，以小火焖煮至苋菜段熟烂，倒入B料调匀，撒上葱末即可。

小贴士

煮苋菜汤的技巧

煮苋菜汤前，先将苋菜略炒再加水，水沸后加入银鱼或虾皮都可以增加香味，再加入盐，汤沸后即可食用。苋菜的叶子薄嫩，拌炒、煮汤时间不需太久，以免其变得糊烂。

苋菜的营养价值

苋菜可改善贫血、调控血压，还具有清热解毒的作用，有助于缓解扁桃体炎、咽喉炎等燥热症状。夏天食欲不振时，吃苋菜也可以提振食欲。

烹调苋菜时，不妨搭配含铜量丰富的虾仁、豆腐或其他豆类食材，以提高人体对苋菜中铁的吸收率。

豆腐怎样煮才不易破碎？

1. 把豆腐放入盐水里浸泡30分钟，取出切块或丝，再加入汤中炖煮，豆腐就不容易碎掉。

2. 豆腐越煮出水越多，这样豆腐容易变得稀稀糊糊，影响菜色美观与口感。因此，我们在烹煮之前，把浸在盐水中的豆腐取出静置5分钟，让豆腐内部的水分析出，再用干净的厨房纸巾吸出多余的水分，烹煮时豆腐就不容易破碎。

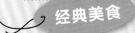 经典美食

银芽豆腐海带汤

材料

干海带120克，豆腐2块，绿豆芽100克，小鱼干60克，清水6杯

调味料

A料：盐1小匙，胡椒粉1/2小匙

B料：香油1小匙

做法

1. 豆腐在盐水中浸泡30分钟后洗净，切小块；干海带洗净，泡开，捞出，切段；绿豆芽洗净，去头尾备用。

2. 锅中倒入清水烧开，放入小鱼干及海带段煮熟，加入绿豆芽、豆腐块及A料调匀，最后淋上B料即可。

小贴士

煮豆腐汤的诀窍

煮豆腐汤时，应待所有的材料煮匀之后，再加入豆腐同煮，以小火慢烧让其他食材的味道渗入豆腐中，便能品尝到滑嫩入味的豆腐。如果先放豆腐再放其他材料，就容易因为翻动材料而使豆腐破碎，其口感也会变差。

滴少许醋可缩短烹煮时间

海带属于不容易熟的食材，在烹煮时可以在汤中滴入少许醋，可缩短烹煮时间。

煮浓汤怎样掌握芡汁比例？

1. 一般制作浓汤最容易失败的原因是没有把握好芡汁的调配比例，导致汤不是太稀就是太稠。调配芡汁的最佳比例是水：淀粉＝2：1。
2. 倒入水淀粉勾芡时，要缓慢、呈细长水流状倒入，而且要不断搅拌，这样芡汁才不会结成一团。

经典美食 玉米浓汤

材料

罐头玉米粒、罐头玉米酱各1/2罐，鸡蛋1个，火腿100克，水6杯

调味料

A料：盐、胡椒粉各1小匙

B料：水淀粉2大匙

做法

1. 火腿切丁；鸡蛋打入碗中，拌打至略起泡。
2. 锅中倒入6杯水烧开，再加入玉米粒及玉米酱煮匀。
3. 加火腿丁及A料以小火煮沸，缓慢加入B料勾芡。
4. 边搅拌边慢慢淋入蛋液煮匀，盛入碗中即可。

小贴士

西式玉米浓汤这样做

想煮出西式风味的玉米浓汤，应先把洋葱、胡萝卜、土豆洗净切丁，炒过后再放入汤中。火腿可用炒过的培根肉丁或鸡肉末替代，水可以用牛奶或鸡骨高汤替代，勾芡的水淀粉可用奶油炒面粉替代。

玉米浓汤的美味秘诀

煮玉米浓汤时，通常都会加入玉米酱及玉米粒，前者可以增加汤汁的鲜浓美味，后者给汤增加了颗粒的咀嚼感，两者最恰当的比例是1：1。

怎样煮出漂亮的蛋花汤？

1. 在蛋液中放入少许醋搅拌，将蛋液倒入汤锅时，使蛋液缓慢地、呈一条细直线流入汤中，煮出来的蛋花才会呈细密的口感。
2. 可以将蛋液透过漏勺倒入锅中，煮约20秒后熄火，这样就能做出漂亮的蛋花汤。

经典美食

西红柿蛋花汤

材料

豆腐1盒，西红柿1个，鸡蛋2个，小白菜50克，葱1根

调味料

A料：高汤8杯

B料：盐1小匙

做法

1. 鸡蛋打入碗中搅拌；豆腐洗净，切块；西红柿洗净，去蒂，切半月形；小白菜洗净，去蒂切段；葱洗净，切末备用。
2. 锅中倒入A料烧开，放入豆腐块、西红柿块，盖上锅盖焖煮至西红柿块熟烂，加入蛋液、小白菜段与B料略煮，撒上葱末即可。

小贴士

西红柿烹煮后更有营养

颜色越红的西红柿所含的番茄红素越多。生吃西红柿吸收到的番茄红素不如烹煮过食用吸收的多，因为番茄红素是一种脂溶性物质，加热烹调后，更有利于人体的吸收。

怎样煮出鲜美不混浊的香菇鸡汤?

1. 鸡肉一定要汆烫后才能入锅煮,否则容易有血水,使汤汁变混浊。
2. 香菇应在加有料酒的水中泡发,煮汤时连同香菇汁一起倒入汤中熬煮,滋味会更香甜。
3. 加入鸡块、姜片、葱段用大火煮沸后,改用小火慢炖,不要加盖,否则会使汤汁不够清澈,即使加盖也要留一个小缝让水蒸气逸出,这样汤汁才能保持清澈。

经典美食　　　　## 竹荪香菇鸡汤

材料
鸡腿1只,竹荪40克,香菇3朵,姜2片,清水适量

调味料
盐、酒各1/2小匙

做法
1. 竹荪洗净泡软,用沸水汆烫去杂质,捞出,去头尾切段备用;香菇泡软,去蒂,洗净备用。
2. 鸡腿洗净,剁块,放入沸水中汆烫,捞出。
3. 将鸡腿块放入高压锅中,加入香菇、竹荪段、姜片,倒入清水至没过材料,以中火煮约7分钟至鸡腿块熟烂,待高压锅冷却后,打开锅盖盛出,加入调味料调匀即可。

小贴士

炖鸡汤时宜用土鸡

　　炖鸡汤最好选用土鸡,因为土鸡的肉质较紧实,更适合炖汤。炖汤时,先把清洗好的土鸡块放入沸水中汆烫,捞出后,再另外起一锅水煮汤,味道会更好。

鱼汤怎样煮鱼肉才不会破碎?

1. 用来煮汤的鱼不能冷水下锅，必须温水下锅，等水煮沸之后转小火，这样鱼肉才不会破碎。
2. 大多数鱼类都适合用来烹煮鱼汤，鱼的油脂越多，用其煮出来的汤汁就越鲜美。

经典美食 蛤蜊菜头午仔鱼汤

材料

午仔鱼1条（约400克），姜丝100克，蛤蜊20个，菜头200克，水600毫升，葱花适量

调味料

鸡精、香油各1小匙，盐1/2小匙，胡椒粉1/3小匙，酒1大匙

做法

1. 将午仔鱼洗净，在沸水中氽烫后捞起；菜头洗净，切粗条；蛤蜊泡水吐沙。
2. 锅中加入600毫升水，放入菜头条一起煮，煮沸时放入午仔鱼、姜丝、蛤蜊、葱花，待蛤蜊开壳后，加入调味料即可。

° 小贴士

午仔鱼鱼鳞的处理方法

午仔鱼用水洗净后，用菜刀以垂直的方式轻轻在鱼腹及鱼鳍边缘刮一刮，就能将残余的鱼鳞刮除干净。

附录

常用烹调方法

【炒】·熟炒又称滑炒，是先将大块原料加工成半熟或全熟品，并切块、片或丝，再入热油锅略炒，依序加入配料、调味料等翻炒均匀。

·干炒又称干煸，指主材料不加任何配料浸渍，直接放入热油锅中，快速翻炒至表面焦黄后，加配料和调味料拌炒至汤汁收干。

·生炒又称煸炒，主料多以生料为主，且不勾芡，直接放入热油锅中，以大火快炒至五六分熟时，再加入其他配料及调味料，快速炒熟。

·软炒是将生料剁成蓉或泥，再加入调味料与高汤搅拌成粥状，倒入热油锅中，以锅铲不停推炒，并加入适量食用油，炒至材料凝结成堆雪状。

【炸】·清炸是将主料先调味或腌拌一下，但不蘸裹面糊或蛋清，直接放入热油锅中，以大火炸熟。

·干炸是将主料先以调味料腌拌，再蘸裹干粉放入热油锅中，炸至酥黄。

·软炸是将主料先用调味料腌拌，再蘸裹蛋清或面糊，放入温油中炸熟。

·西炸是将材料处理好并腌至入味后，依序蘸裹面粉、蛋液及面包粉，再放入热油锅中炸熟。

·酥炸是先将主料煮或蒸至熟软，再蘸裹蛋清或面糊，放入热油锅中，炸至外表酥黄、里面鲜嫩。

【煎】·干煎是将主料用调味料腌拌入味，均匀蘸裹蛋糊或面粉，以小火热油煎熟。

·焖煎是将主料先切成块或片，放入热油锅中以小火煎熟，再加入调味料或汤汁焖煮或勾芡。

·烹煎是将主料用大火煎至略熟，再加入高汤及调味料烹煮至入味。

【爆】·油爆是将主料用热油快速加热至熟，并放入调味料。

·酱爆是用面酱作为调味料，先将材料煮熟再放入油锅煸炒。

【烤】·明炉烤是将材料切小片或块，腌至入味后放在铁架上，置于敞口式的炉火上烤，由于火力比较分散，材料不容易烤透，因此需花较长时间完成。

·暗炉烤是将大块材料腌至入味，放入密闭式的烤箱中烤熟，由于烤箱中的温度比较稳定，且材料受热较均匀，因此烘烤食物较容易入味。

【蒸】·蒸的做法是将材料先处理好，加入调味料调匀，放入蒸锅中，利用水蒸气将材料蒸熟，此类菜肴口感清爽而不油腻。

【卤】·卤是将材料先汆烫去腥之后，放入调好的卤汁中，以小火慢煮，让卤汁完全渗入材料中。

【烧】·葱烧是用热油将葱爆香，再放入调味料与主料的一种烧法，葱烧菜的特色，就在于葱的分量多，能凸显葱的香味。

·干烧是将主料长时间以小火烧煮，使汤汁能渗入主料中的一种烧法。

·红烧是将主料先煮、炸或煎至略熟，加入酱油及其他调味料烹调，这样烧煮出的菜品多呈酱红色。

【烩】 ·烩是将主料先煎、炸或烫熟后，放入热锅，加入配料、调味料及高汤一起烹煮，最后再以水淀粉勾芡的一种烹调技法，这类菜品汤汁味浓且鲜美。

【熘】 ·醋熘是将主要材料切成较小的片、块、丁、条等，用蒸、煮或炸等方式，使主料熟软，再放入以调味料拌成的酱汁中，由于调味料以醋为主，因此其口感较酸。

·滑熘是将主要材料以调味料腌拌，再均匀蘸裹面糊或蛋清，放入油温约110℃的油锅中略炸后捞出，放入已煮好的酱汁中，快速翻炒。

·脆熘又称为焦熘或烧熘，是将原料蘸裹淀粉或面糊，再放入热油锅中，炸至表面呈现金黄色，捞出，用调味料与配料做成卤汁，浇淋在原料上的一种熘法。

【扒】 ·扒是将烹调好的材料切好后，放入锅中，加入适量汤汁并调味、勾芡，最后一个大翻锅使菜肴整齐地一面朝上，出锅摆盘，即为扒菜。

【拌】 ·凉拌是将主料先处理成条、片或丝，不论是否经过烹煮，都需要等放凉之后再加入调味料拌匀的做法。

·熟拌是将主料处理成块、片或丝，放入沸水中烫熟，捞出，加入炒或拌调好的酱料均匀搅拌的做法。

·生拌是将主料处理成条、片或丝，不经过烹煮，直接以调味料腌拌的做法。

【煮】 ·煮是将食材放入100℃的沸水或高汤中煮开后，以小火将食物继续煮熟的烹饪方式。

【煨】 ·煨是用小火慢慢地将原料煮熟。主料先经过盐腌处理，再加入汤和调味料，盖上锅盖，用小火煨。煨菜的原料多是质地老、纤维粗的牛肉或羊肉等。

【煲】 ·煲是将大块材料先烫过，再以小火慢炖至入味的烹饪方式。这类菜品口感软嫩，味浓，能保有食材的原汁原味。

【焖】 ·焖是主料经过油炸或油滑后，放入适量汤和调味料，盖紧锅盖，用小火焖熟。焖的过程中要盖紧锅盖，不可中途打开盖子加汤或调味料。

常见食材的冷冻与解冻

食材的保鲜处理其实一点都不难，只要掌握正确的冷冻与解冻方式，就可以轻松实现。

冷冻保鲜的八大技巧

【急速冷冻以保留食材美味】

食材在急速冷冻过程中，所含的水分会变成细小的冰晶瞬间凝固，避免细胞组织遭受冰晶的破坏。相反，若慢慢冷冻就会使水分结成较大的冰晶，破坏食材结构，一旦解冻，细胞液就会流失，影响食材的风味。如果你家的冰箱有急速冷冻功能或有急速冷冻室，那么可别忘了好好利用。

【使用透明的密封容器】

食材一经冷冻就都会变成冰冻的硬块，放在一起很难辨识，选择透明容器就很容易区分食材，节省时间。

【将食材分成小包装并将袋内空气挤出】

将食材分成"小块、切薄、厚度均匀"的小包装，随后挤出空气，再用保鲜膜紧紧包住，是冷冻保鲜的重要原则。由于保鲜膜会透气，只包裹保鲜膜会让食材酸化，因此冷冻时，必须将食材再放入冷冻专用的保鲜袋里。

【冷冻时间以1个月为限】

食材在完全结冻后，因为很难从外表去判断它是什么时候冷冻的，所以别忘了贴上标签，清楚注明食材名称和冷冻日期；或者用油性签字笔写在外包装上。肉类、海鲜和蔬菜，冷冻的时间最好不超过1个月。如果是茶叶、海带、豆类等干货，则可保存6个月。

【食材应该趁新鲜尽快冷冻】

冷冻食材首重鲜度，特别是肉类、海鲜类等，更需要趁鲜冷冻。倘若等到鲜度欠佳时再冷冻，则为时已晚。

【善用金属器皿加快冷冻效果】

　　用金属材质的器皿来冷冻食材时，可借由金属优越的热传导率，让食材的温度急速下降。如果没有铁盘，那么用铝箔纸包起来也可以。

【冷冻温度应保持在-18℃】

　　食材冷冻时，要特别注意温度的变化。冷冻最适宜的温度是-18℃，为了保持此温度，要注意不要频繁开关冰箱。

【冰箱不可以塞满食材】

　　将冰箱塞得满满的是非常不明智的行为。为了达到最佳冷冻效果，至少要留下30％的空间，让冰箱中的冷空气可以循环，这样才能保持食材冷冻时所需要的稳定温度。

常见的解冻方式

【室温解冻】

　　室温解冻是将冷冻食材放在正常室温下，让它自然退冰。通常冬季的室温低，各种食材所需要的解冻时间长；夏季的室温高，需要的时间短。因此，解冻前要先了解室内温度的高低，才能掌握食材所需要的解冻时间。

【流水解冻】

　　流水解冻指将冷冻食材放在流动的自来水下不断冲洗，直到食材退冰解冻。须注意冲水时间最好不要超过2小时，以免食材养分被水冲掉。

【冷藏解冻】

　　冷藏解冻又称"低温解冻"，指将冰箱内的冷冻食材从-18℃的冷冻室取出来，放在平均温度为5℃的冷藏室中慢慢解冻。一般需要半天，食材才能完全解冻。这个方法最能保存食物原味，因此只要时间充裕，可多利用冷藏室低温解冻法。

【微波解冻】

市售微波炉几乎都有解冻的功能。每100克肉品，一般用微波"弱火"加热2分钟即可解冻，十分快速方便，这也是所有解冻方法中用时最短的。

冷冻与解冻的器具

【铁盘】

铁盘是冷冻生鲜食材效果最佳的工具。因此最好依照平日冷冻的食品分量，在家中准备不同尺寸的铁盘来盛装冷冻食品。

【塑料制保鲜盒】

塑料制保鲜盒的导热效果差，冷冻所需时间较长，不适合用于肉类、鱼贝类、蔬菜类等生鲜食材的冷冻，仅适合用于冷冻干货。

【真空包装袋】

真空包装袋采用高密度聚乙烯（HDPE）材质制成，可有效阻隔空气，将食物保存于真空状态下，以达到最理想的冷冻效果。

【保鲜膜】

市面上贩售的保鲜膜有聚乙烯（PE）或聚偏二氯乙烯（PVDC）等材质，使用时需注意耐热、耐冷等标识。如咖喱酱，一经微波炉加热即变成高温食物，有时会使保鲜膜熔化，因此要特别留意。

【铝箔纸】

铝箔纸能完全阻隔光线与空气，有效延缓食物的氧化，用来冷冻时，可以先用保鲜膜包住冷冻食物，再包上铝箔纸。此法适用于冷冻含油脂或脂肪类的食物。

各种食材的冷冻、解冻方法

【猪肉】

大块的猪肉冷冻后，要切片或切块较不方便，因此最好事先切片或切块，分装之后再冷冻保存。

冷冻步骤

将肉片切好，把第一片肉片铺在已经铺好保鲜膜的铁盘上，铺上一层保鲜膜，再摆上第二片肉片，如此可以放2~3层，最上面用保鲜膜包住铁盘，即可放入冰箱冷冻室贮存。

解冻方法

1. 流水解冻：将保鲜袋内的空气挤出，浸泡在水中20分钟，中间换水2~3次。
2. 微波解冻：把猪肉放在纸巾上，轻轻盖上保鲜膜，用微波炉的"弱火"加热2分钟，至半解冻状态即可。
3. 冷藏解冻：从冰箱冷冻室取出冷冻肉放入盘中，封上保鲜膜，放进冷藏室约半天。

猪肉的解冻时间（以100克为基准）与口感对比			
解冻方法	流水解冻法	微波解冻法	冷藏解冻法
解冻时间	20分钟	"弱火"加热2分钟	2~3小时
口感	肉质较软	肉质较老硬	肉质较具弹性

【肉末】

肉末容易腐坏，解冻后冷藏不能超过10小时，否则风味与养分会逐渐流失。

冷冻方法

1. 肉末以冷冻保鲜袋包好，压出空气再压平，厚度控制在1.5厘米以内，包装外加注猪肉部位、重量及冷冻日期，放入冰箱冷冻。
2. 可放在铁盘上以保鲜膜压平。如果没有铁盘，就用铝箔纸包起来，压平，冷冻至肉质变硬，切分成适当大小，再放回保鲜袋中冷冻保存，这样取用及解冻都很方便。

解冻方法

1. 微波解冻：从保鲜袋内拿出肉末，盖上保鲜膜，用微波炉的"弱火"加热2分钟至半解冻状态即可。
2. 冷藏解冻：直接由冷冻室移入冷藏室，解冻至食材呈半解冻状态即可。

肉末的解冻时间（以100克为基准）与口感对比		
解冻方法	微波解冻法	冷藏解冻法
解冻时间	"弱火"加热2分钟	4~5小时
口感	口感较粗硬	松软有弹性

【牛肉】

牛里脊肉的脂肪含量较少，冷冻又解冻的过程容易造成肉汁流失，并破坏肉质的鲜甜口味，因此牛里脊肉并不适合冷冻，其他部位的牛肉则不宜切成小块冷冻。

冷冻步骤

1. 牛小排或牛腩事先用1/4小匙盐、1/2小匙大蒜泥、少许酱油和1小匙食用油涂抹均匀。
2. 用保鲜膜包好，装入冷冻保鲜袋内，放入冰箱冷冻。

解冻方法

1. 冷藏解冻：将冷冻牛肉移至冷藏室慢慢解冻，至少许血水流出时即可取出烹调。
2. 微波解冻：将冷冻牛肉放在纸巾上，盖上保鲜膜，用微波炉的"弱火"加热约2分钟至半解冻状态即可。

牛肉的解冻时间（以100克为基准）与口感对比		
解冻方法	微波解冻法	冷藏解冻法
解冻时间	"弱火"加热2分钟	4~5小时
口感	口感较紧实	口感软硬适中

【羊肉】

羊肉本身脂肪较厚，冷冻前可以切成适当大小分装，不会损及原有的风味。

冷冻步骤

羊肉用保鲜膜包好，再装入冷冻保鲜袋中密封好，即可放入冰箱冷冻。

解冻方法

1. 微波解冻：将冷冻羊肉放在纸巾上， 盖上保鲜膜，用微波炉的"弱火"加热2分钟。

2. 冷藏解冻：将冷冻羊肉放入冷藏室解冻至微软再烹调。

羊肉的解冻时间（以100克为基准）与口感对比		
解冻方法	微波解冻法	冷藏解冻法
解冻时间	"弱火"加热2分钟	2~3小时
口感	口感适中	口感较软嫩

小贴士   带骨羊肉烹调前不需要解冻，而羊里脊肉可以用微波炉处理至半解冻后，加料腌拌再烹调。

【鸡肉】

鸡肉的水分比其他肉类多，无论是冷冻还是解冻，都可以保持肉质鲜嫩多汁。

冷冻方法

1. 鸡腿分别用保鲜膜包好，或者以8~10个为1份，分装在冷冻保鲜袋内密封好。

2. 鸡胸肉放在铁盘上，一片片压平后放入冰箱冷冻。

解冻方法

1. 流水解冻：将保鲜袋内的空气挤出，浸泡在水中20分钟，中间换水2~3次。

2. 微波解冻：把鸡肉放在纸巾上，轻轻盖上保鲜膜，用微波炉的"弱火"加热2分钟，至半解冻状态即可。

3. 冷藏解冻：烹调前一晚自冰箱冷冻室取出，放在冷藏室中以低温解冻。

鸡肉的解冻时间（以100克为基准）与口感对比			
解冻方法	流水解冻法	微波解冻法	冷藏解冻法
解冻时间	20分钟	"弱火"加热2分钟	5~6小时
口感	软嫩具弹性	口感适中	口感较软

【整条鱼】

整条鱼冷冻前须处理干净，以免鱼体内发臭，影响其鲜度及味道。

冷冻步骤

1. 刮除鱼鳞，取出内脏，去除鱼鳃，以清水冲洗干净鱼皮表面的黏液，抹上少许盐。
2. 用纸巾将水擦干，包上脱水纸，再装入冷冻保鲜袋内，即可放入冰箱冷冻。

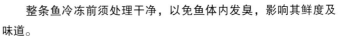

解冻方法

1. 流水解冻：将冷冻鱼从冰箱取出，挤出保鲜袋内的空气，浸泡在水中至鱼肉微软，中途换水2~3次。
2. 微波解冻：撕除脱水纸，把鱼放在纸巾上，盖上保鲜膜，以微波炉的"弱火"加热2分钟至半解冻状态即可烹调。
3. 冷藏解冻：放入冷藏室解冻至微软。

整条鱼的解冻时间（以100克为基准）与口感对比			
解冻方法	流水解冻法	微波解冻法	冷藏解冻法
解冻时间	20分钟	"弱火"加热2分钟	2~3小时
口感	肉质较软	肉质较老硬	肉质较具弹性

小贴士

如果鱼够新鲜，可以不用清除内脏，以脱水纸或保鲜膜包好，放入冷冻保鲜袋内密封冷冻。待半解冻后切开时，既不会流出血水，内脏也还是结冰的，很容易清除。

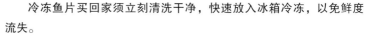

【鱼片】

冷冻鱼片买回家须立刻清洗干净，快速放入冰箱冷冻，以免鲜度流失。

冷冻步骤

用脱水纸将鱼片包好，尽量不要叠放，装入冷冻保鲜袋密封冷冻。

解冻方法

1. 流水解冻：挤出保鲜袋中的空气，浸泡在水中至微软，中间需换水2~3次。
2. 室温解冻：小块的鱼片很容易退冰，最好是利用室温解冻，口感较易还原。
3. 冷藏解冻：如果不是马上要吃，宜放在冷藏室的保鲜盒内慢慢解冻，以免鱼肉失去鲜度。如此鱼肉再冷藏2~3天，也不会变质。

鱼片的解冻时间（以100克为基准）与口感对比			
解冻方法	流水解冻法	室温解冻法	冷藏解冻法
解冻时间	20分钟	40~60分钟	2~3小时
口感	肉质较软	肉质软	肉质较具弹性

小贴士 鱼片用脱水纸包好后，要立刻放进冷冻库冷冻，否则会变成鱼干。因为包着脱水纸，虽然可以使鱼保持鲜度，但若不立即冷冻，暴露在室温下太久，水分会不断流失。

【墨鱼】

墨鱼即使冷冻多日也不会变味，半解冻状态时即可烹调。

冷冻方法

1. 将墨鱼一个个分别用保鲜膜包好，装入冷冻保鲜袋内密封冷冻。
2. 可将墨鱼汆烫至八分熟，再放入保鲜盒中冷冻保存。

解冻方法

1. 流水解冻：持续用自来水隔着保鲜袋冲刷，或者将保鲜袋整个浸泡在水中，中间需换水至墨鱼微软。
2. 微波解冻：取出冷冻墨鱼，放在盘中以保鲜膜轻轻盖住，用微波炉的"弱火"加热2分钟至半解冻状态即可烹调。
3. 冷藏解冻：烫煮过的冷冻墨鱼，只要解冻再加热一下即可食用，因此适合采用冷藏解冻法以保持口感。

墨鱼的解冻时间（以100克为基准）与口感对比			
解冻方法	流水解冻法	微波解冻法	冷藏解冻法
解冻时间	5～10分钟	"弱火"加热2分钟	2小时
口感	具有嚼劲	微软、具嚼劲	口感结实、易熟

小贴士　　墨鱼含有蛋白酶，一旦开始解冻，酶就会活跃起来，造成墨鱼持续分解、失去鲜度，因此将墨鱼煮熟后冷冻可避免口感变差。反之，生墨鱼一定要在短时间内快速解冻，解冻后就不能再冷冻，以免口感不再鲜嫩。

【虾】

　　虾含有丰富的胶质和蛋白质，即使冷冻也不会变味，但解冻时最好利用流水解冻，才不会失去鲜味。

冷冻方法

1. 带壳的虾以一次用量为准进行分装，用保鲜膜包好，再装入冷冻保鲜袋中密封冷冻。
2. 去壳的虾仁以150克左右为单位分装成小袋，放入冰箱冷冻。

解冻方法

1. 流水解冻：撕去保鲜膜，以流水冲刷4～5分钟至虾表面退冰，或者隔保鲜袋浸泡在水中至半解冻状态即可。
2. 室温解冻：虾肉质地细嫩，容易退冰，如果可以马上烹调，那么放在室温解冻最好。

虾的解冻时间（以100克为基准）与口感对比		
解冻方法	流水解冻法	室温解冻法
解冻时间	4～5分钟	20分钟
口感	口感鲜嫩	口感较软

小贴士　　新鲜的虾含有蛋白酶，一旦开始解冻，酶就会活跃起来，分解虾肉细胞，使口感变得松软并失去鲜度，因此解冻后一定要马上烹调才好吃。

【面类】

冷冻步骤

1. 煮熟的乌冬面、意大利面、细面等面条需冷冻时，要将水分充分沥干。
2. 分成一碗面（150克）或相当于一碗饭的热量（200克）的分量后，放入冷冻保鲜袋里，将空气挤出后密封冷冻。

解冻步骤

1. 将保鲜袋口稍微打开后，放在微波炉转盘上。
2. 用微波炉加热2分30秒左右即可解冻。

【米饭】

冷冻步骤

1. 趁着饭还有余温时，将一碗分量（150克）的饭放在保鲜膜上，轻捏成正方体后包好。
2. 将包好的饭放入冷冻保鲜袋里，等饭凉了之后再放入冷冻室。

解冻步骤

将冷冻的饭放入碗里，轻轻盖上保鲜膜，用微波炉加热2分30秒左右。加热半分钟时，打开微波炉，掀开保鲜膜，用筷子将饭拌松再盖上，放入微波炉内继续加热。这样解冻的米饭，就会像刚焖出来的饭一样香了。

小贴士 -3~10℃的温度，会使米饭的风味大打折扣，切忌直接把米饭放进冰箱冷藏或冷冻。

【 水分多的蔬菜 】

蔬菜因为容易变色及走味，所以多数并不适合冷冻。冷冻蔬菜解冻时，应用食用油多炒一下，以免食物走味而难以下咽。

冷冻蔬菜有两个保持口味的要诀：一是将**蔬菜略微烫煮过再冷冻**，二是**以室温自然解冻之后再加热**。想要生吃小黄瓜、胡萝卜、白萝卜、圆白菜或白菜，可以先用盐稍微搓过，使水分析出后再冷冻保存。

小黄瓜

冷冻步骤

将小黄瓜切成厚约0.3厘米的圆片，以一根小黄瓜配1/5小匙盐的比例，加盐搓至小黄瓜变软后，使水分析出，用保鲜膜包好，放入保鲜袋密封冷冻。

解冻方法

自然解冻，或者直接烹煮。

白萝卜、胡萝卜

冷冻步骤

将萝卜切成约5厘米长的条，以每100克配1/5小匙盐的比例，加盐搓至萝卜变软后，使水分析出，用保鲜膜包好，放入保鲜袋密封冷冻。

解冻方法

放在室温下自然解冻即可。

白萝卜最好先切掉粗茎，夏天时可在表面喷些水，用纸包好后放入塑料袋，再放入冰箱，可延长保鲜期。

圆白菜、白菜

冷冻步骤

将蔬菜洗净、沥干后切细丝，每100克加入1/5小匙盐，搓至蔬菜变软后将水分挤出，分成适当大小，用保鲜膜包好，装入保鲜袋密封冷冻。

解冻方法

放在室温下自然解冻即可。

冷冻蔬菜时要先将蔬菜冷藏至冰凉，然后装入冷冻保鲜袋中，抽成真空状态再放入冷冻室冷冻。

【 水分少的蔬菜 】

冷冻蔬菜最主要的秘诀就是"真空保存"，这样可以延长蔬菜的保存期限，留住维生素和营养成分。虽然一般人都认为蔬菜不能冷冻，但有些蔬菜本身的水分少，如西蓝花、青椒等，其冷冻和解冻方式就与水分多的蔬菜不同。其实只要用对方法，将买回家的新鲜蔬菜立即冷冻起来，就可保存约1个月的时间。

西蓝花

冷冻步骤

将西蓝花分成小朵，将茎的皮剥除，切成2~3小朵，一朵一朵用盐水分别洗净，取出将水分沥干，以保鲜膜包好，再装入冷冻保鲜袋内密封，排出空气即可冷冻。

解冻方法

自然解冻，或者直接烹煮。

竹笋

冷冻步骤

将竹笋剥皮、切薄片，洗净后沥干，再装入冷冻保鲜袋内放入冷冻室保存。

解冻方法

放在室温下自然解冻即可。

秋葵

冷冻步骤

将秋葵的蒂切除，把前端较硬的部分也切除，再装入冷冻鲜保袋内密封冷冻。

解冻方法

可以放在室温下自然解冻，或者直接烹煮。

零失败，12种家常酱料轻松做

蒜蓉酱

【材料】

大蒜（去皮）3瓣，冷开水3大匙，酱油膏3大匙，味精4小匙，糖1大匙。

【做法】

将所有材料加入果汁机绞碎即可。

【美味这样做】

1. 制作时，先加入大蒜和1大匙酱油膏绞碎，绞得越细越好，再将剩余的酱油膏与味精加入搅拌；味精可依个人喜好酌量添加。

2. 此酱的主要用料为味道浓重的蒜蓉及酱油膏，加入少许糖来平衡辣味与咸味，可以让味道较为温和顺口。

3. 选用酱油膏而不用酱油，主要是因为酱油膏能增加酱料的黏稠度，让酱汁紧附在食物上。

【这样最对味】

蒜蓉酱适合搭配水煮的海鲜与脂肪含量较高的肉类烹饪。大蒜的辛辣味能去腥解腻，搭配容易黏附的酱油膏，能带出海鲜或肉类本身的鲜甜。

和风酱

【材料】

黄芥末籽酱1小匙，酱油2小匙，味酥1大匙，陈醋2大匙，食用油3大匙，糖1大匙，盐、胡椒粉各少许。

【做法】

将所有材料混合搅拌均匀即可。

【这样最对味】

和风酱最适合搭配新鲜时蔬、水果沙拉。将新鲜的蔬菜、水果洗净，沥干，淋上略带酸甜味的和风酱，即很受欢迎的新式沙拉。此外，和风酱也可搭配时蔬做凉拌菜。

芝麻酱

【材料】

大蒜泥1小匙，熟芝麻1/4小匙，凉开水1大匙，芝麻酱3大匙，花生酱1小匙，醋2小匙，辣椒油1/2小匙，香油1/2小匙，酱油1大匙，盐1/4小匙，糖1/2小匙。

【做法】

芝麻酱与花生酱用冷开水调开，再加入其余材料搅拌均匀即可。

【这样才美味】

如酱料有颗粒感，则表示花生酱或芝麻酱没有调均匀。

肉臊酱

【材料】

五花肉末600克，红葱头末150克，大蒜末2小匙，酒少许，凉开水6杯，酱油1大匙，酱油膏4大匙，五香粉少许，胡椒粉少许，冰糖2大匙，食用油适量。

【做法】

热锅加入2大匙食用油，下入红葱头末与大蒜末爆香，加入五花肉末炒至金黄色，再加入除凉开水外的材料炒均匀，最后加凉开水转小火，煮约30分钟至汤汁浓稠即可。

【这样才美味】

加入少许五香粉可增添风味，但不宜过多。

糖醋酱

【材料】

凉开水2大匙，白醋2大匙，西红柿酱2大匙，糖3大匙，盐少许。

【做法】

将所有材料混合后，入锅以小火煮沸即可。

【美味这样做】

1. 想做出好吃的糖醋酱，除了掌握材料的比例，其添加顺序也是关键。盐会加速蛋白质凝固，若太早放入，各种材料不能很好地融合，所以一定要先放入其他材料并稍微烧煮入味后，再加盐调味，增加层次感。
2. 经过烧煮制作的热酱，如宫保酱、麻婆酱和糖醋酱等，要放凉后再冷藏储存，保鲜时间会较长。

【这样最对味】

糖醋酱的用途非常广，适合烧煮肉类、海鲜，或者用作油炸类食物的淋酱。在炸得酥脆的食材表面淋上糖醋酱，酸甜滋味很下饭，油亮通红的色泽颇为讨喜，因此这种酱已成为宴客菜常用的酱料之一。

咖喱酱

【材料】

洋葱末2大匙，红葱头末2大匙，姜末1/2小匙，咖喱粉3大匙，椰酱1/2杯，盐1/2小匙，鸡精1小匙，香油1大匙，鱼露、水淀粉各少许，食用油适量。

【做法】

热锅加5大匙食用油，爆香洋葱末、红葱头末、姜末，加入咖喱粉略炒，加入椰酱、盐、鸡精、香油、鱼露，拌炒均匀后用水淀粉勾芡即可。

【这样才美味】

咖喱粉要炒过才会香滑顺口。

黑胡椒酱

【材料】

牛肉原汁1000毫升，洋葱末100克，红葱头末20克，大蒜末20克，红酒100毫升，奶油30克，盐1小匙，欧芹碎1小匙，胡椒粉1/2小匙，黑胡椒粒3小匙。

【做法】

锅中加奶油烧化，炒香红葱头末、洋葱末、大蒜末，加入黑胡椒粒和红酒，炖煮至酒剩下一半，接着放入牛肉原汁、欧芹碎、盐、胡椒粉等调味料即可。

【这样才美味】

用烤箱烤过的黑胡椒吃起来较香。

辣豆瓣酱

【材料】

高汤1杯，辣豆瓣2大匙，酒酿1大匙，鸡精1/4小匙，盐1/4小匙，酱油1小匙。

【做法】

高汤煮沸后加入其余材料即可。

【这样才美味】

酒酿带有甜味及酒味，适合制作各类海鲜、肉品菜肴。

炸排骨腌酱

【材料】

葱段3根，大蒜末50克，辣椒2个，八角2粒，花椒1/4小匙，姜3片，米酒3大匙，酱油1杯，盐1小匙，糖1大匙，胡椒粉1小匙，香菇粉1小匙，水4杯。

【做法】

将所有材料混合均匀即可。

【这样才美味】

调制好的腌酱，需静置1天再使用，这样味道才浓郁。

菠萝豆酱

【材料】

菠萝500克，豆酱3大匙，糖100克，盐3大匙，甘草片少许，淡色酱油1大匙。

【做法】

菠萝去皮，切成圆片，再切小块备用；准备一个干净的空瓶，将豆酱、淡色酱油、糖、盐、甘草片混合均匀，以一层菠萝一层酱的方式装入瓶子中，密封放置1个月即可。

【这样最对味】

腌渍的菠萝豆酱用来蒸煮肉类、鱼类，可在鱼类、肉类鲜美的滋味中尝到酱汁咸中带甜的味道。

宫保酱

【材料】

干辣椒8个，花椒1/2小匙，葱末1大匙，大蒜末1大匙，冰糖2小匙，生抽3大匙，老抽1小匙，白醋2大匙，香油1大匙，食用油1大匙。

【做法】

将1大匙食用油烧热，放入干辣椒、花椒以小火炒香，再加入葱末、大蒜末、冰糖炒香，最后加入生抽、老抽、白醋、香油，以小火煮沸，过滤即可。

【这样最对味】

宫保酱最适合搭配肉类、海鲜做快手小炒。这种酱味道浓郁厚重、层次丰富，快炒时，食材上裹满酱汁，酱汁咸、甜、辣的滋味渗入食材，妙不可言。

烤肉酱

【材料】

花生粉2小匙，葱末1大匙，大蒜末1大匙，沙茶酱2大匙，糖2大匙，酱油2大匙。

【做法】

将所有食材混合均匀即可。

【这样才美味】

沙茶酱使用时要先拌匀。

食材的保健功效与营养烹调秘诀

红薯叶

【主要保健功效】

红薯叶富含维生素A，其能滋润皮肤，保护黏膜组织；富含镁和钙，镁可以维护心脏、血管健康，促进钙的吸收和代谢，防止钙沉积在组织、血管内，镁与钙同时作用，具有安抚情绪的效果。

【营养烹调秘诀】

汆烫时间不宜过久，以免红薯叶的营养流失。红薯叶所含的维生素A属于脂溶性维生素，油脂可以促进维生素A的消化和吸收，故红薯叶最好用食用油爆炒，并连同汤汁一同食用，这样可以充分摄取营养。

茄子

【主要保健功效】

茄子富含芦丁，其可增加毛细血管的弹性，促进血液循环；茄子的紫色外皮含有多酚类化合物，具抗癌和预防衰老的作用；茄子富含膳食纤维，可促进胃肠蠕动，预防大肠癌。

【营养烹调秘诀】

茄子最好不要使用油炸方式烹调，以免芦丁大量流失。芦丁主要存在于茄子的紫色表皮与茄肉相接之处。事实上，除了芦丁，茄子皮还含有许多其他营养成分，因此烹调茄子时不宜去皮。

西红柿

【主要保健功效】

西红柿中的番茄红素具有抗氧化作用。在天然的类胡萝卜素中，番茄红素清除自由基的能力最强，可以保护血液中的低密度脂蛋白不受氧化伤害。西红柿中的钾可以有效调节血压，预防心脏疾病。

【营养烹调秘诀】

生食西红柿时，可以摄取比较多的维生素C，但烹煮过的西红柿能释放较多的番茄红素，而其含有的维生素A属脂溶性维生素，随含有油脂的食物一起食用，更容易被身体消化吸收。

豆芽菜

【主要保健功效】

豆芽菜富含类胡萝卜素与维生素C，有助于改善皮肤粗糙与黑斑；豆芽菜还含有一种有助于淀粉消化的酶，可促进胃肠功能，增进食欲，同时其所富含的膳食纤维可以促进排便。

【营养烹调秘诀】

豆芽菜含水量高，烹调时容易出水，建议不要长时间加热；烹煮时加少许醋，可使豆芽菜中的蛋白质凝固，不易出水软化，这样不但可以保持其清脆的口感，还可以防止营养物质流失。

四季豆

【主要保健功效】

四季豆属于淡色蔬菜，富含维生素C及铁、钙、镁、磷等矿物质，铁有助于改善贫血症状。四季豆富含非水溶性膳食纤维，可以促进胃肠蠕动，改善便秘症状。

【营养烹调秘诀】

如不喜欢四季豆的青涩味，可先氽烫过再烹煮。四季豆要加热至完全煮熟才可食用，这是因为四季豆含有的皂苷等物质有一定毒性，对人体有害。

小黄瓜

【主要保健功效】

黄瓜可以分为大黄瓜和小黄瓜，两者营养相差无几，皆富含维生素C，可美白淡斑。黄瓜的含水量高，有消暑解渴的作用，并有利尿的效果，可以促进体内多余水分的排泄，消除浮肿。

【营养烹调秘诀】

小黄瓜的头部含有一种带有苦味的物质，这种物质不溶于水，加热也不会消失，可在烹煮前将头部切除。

苦瓜

【主要保健功效】

苦瓜富含维生素C，可美白祛斑；另含有维生素A、钠、钾、钙、镁和锌等成分，有助于调节血压与血糖；其所含的具有某种生理活性的蛋白质能够促进伤口愈合，并刺激皮肤生长。

【营养烹调秘诀】

苦瓜先氽烫再烹调可减轻苦味。凉拌时，加少许盐用手搓揉后，再用水冲洗也可减轻苦味。加热容易让苦瓜中的维生素C流失，所以苦瓜除了煮熟后食用，也可拿来直接打蔬果汁，这样可以摄取较多的维生素C。

南瓜

【主要保健功效】

南瓜含有大量β-胡萝卜素，可促进黏膜的健康，预防感冒，抗氧化；所含的维生素A可以维护视力的健康。

【营养烹调秘诀】

南瓜种子周围的柔软部分和外皮的营养十分丰富，最好一起食用。南瓜加食用油烹炒，更有助于人体吸收其所含的类胡萝卜素。

红薯

【主要保健功效】

红薯含有碳水化合物、维生素A、B族维生素、维生素C、钙、磷、铜、钾等。红薯的黏液蛋白能维持血管壁弹性，帮助人体排出有害的胆固醇，保护呼吸道及消化道；所含丰富的膳食纤维可促进胃肠蠕动，缓解便秘症状。

【营养烹调秘诀】

不经烹煮，红薯中的淀粉不易被人体吸收；此外，红薯含有可以破坏维生素的生物酶，高温加热可以破坏这种生物酶，保护维生素不被破坏，因此，红薯适合熟食，不适合生食。

芋头

【主要保健功效】

芋头含有丰富的碳水化合物，可作为能量来源；所含膳食纤维可增加饱腹感，还能稳定血糖。芋头中的钾、磷含量也很高，钾有助于钠的排出，有利尿作用，而磷则是维持牙齿及骨骼健康的重要矿物质之一。

【营养烹调秘诀】

芋头含有碱性黏液，接触皮肤会出现发痒现象，因此建议处理芋头时戴手套。芋头也不宜生食。食用芋头的时候，要尽量避免同时喝太多水，以免冲淡胃液，妨碍消化，出现腹胀等不适症状。

土豆

【主要保健功效】

土豆富含维生素C，可维持血管弹性，并预防脂肪沉积在血管中；还含有钾，有助于排出体内过多的水分；土豆中的膳食纤维较细致，不会刺激胃肠黏膜。土豆汁还是很好的制酸剂，可辅助治疗消化不良。

【营养烹调秘诀】

发芽或皮色变绿、变紫的土豆有毒，切勿食用。土豆含有丰富的钾，钾可帮助人体排出多余的钠，具有降血压、预防血管破裂的作用，对患有心脑血管疾病的患者，建议用土豆部分替代米饭和面食。

山药

【主要保健功效】

山药含有黏液蛋白，可维持血管弹性、降低血糖、减少皮下脂肪沉积；所含多巴胺有助于扩张血管，促进血液循环；其黏液含有某种生物碱，可促进激素合成。

【营养烹调秘诀】

山药烹调的时间最好不要过长，因为久煮容易使山药所含的淀粉酶遭到破坏，降低山药健脾、助消化的作用，还可能破坏其他不耐热或不耐久煮的营养成分，造成营养流失。

白萝卜

【主要保健功效】

　　白萝卜的营养成分主要包括维生素C、膳食纤维及芥子油。白萝卜具清凉爽口的特性，经常切片搭配口味较重的食材一起食用，可摄取较多的维生素C。白萝卜中的膳食纤维则可促进胃肠蠕动，帮助消化。

【营养烹调秘诀】

　　白萝卜中的维生素C容易因为加热而流失，而其中可增进食欲的芥子油也可能因加热而挥发，故生吃能实现其最大的营养价值。其所含的维生素C大量储存在表皮上，所以烹调时最好不要去皮。

胡萝卜

【主要保健功效】

　　胡萝卜含有丰富的维生素A，可帮助视紫质形成，维持视觉正常；还可保持皮肤湿润，改善皮肤干燥、粗糙等症状；适量的维生素A可增进上皮细胞的正常分化，调节免疫系统。

【营养烹调秘诀】

　　胡萝卜中的胡萝卜素是脂溶性营养成分，和含油脂的食物一起烹饪，其吸收效果更好。胡萝卜最好避免与含有酒精的饮料一起食用，因为酒精会降低胡萝卜素的活性。

牛蒡

【主要保健功效】

　　牛蒡所含的营养成分包括维生素A、钾、钙、镁、膳食纤维与菊糖等，膳食纤维可刺激肠道蠕动，使排便顺畅，预防肠道疾病；菊糖进入体内不会转化为葡萄糖，十分适合糖尿病患者食用。

【营养烹调秘诀】

　　牛蒡的纤维质地较粗，不易咀嚼，因此在烹调时建议以刨丝的方式处理，较容易入味，口感也较好。烹调方式以快炒或煮熟之后凉拌为主。

竹笋

【主要保健功效】

　　竹笋属于低糖、低脂肪、富含膳食纤维和维生素C的食物，能刺激胃肠蠕动，减少脂肪堆积，抑制胆固醇的吸收，帮助减重。

【营养烹调秘诀】

　　竹笋暴露在空气中容易氧化和变苦，建议购买后先用清水清洗表面，连壳一起入锅煮，想要食用时再剥壳切块。如果马上吃，那么可以剥壳切成片或块后烫煮，这样更能尝到竹笋的清甜味。

莲藕

【主要保健功效】

切莲藕时出现的丝就是黏蛋白，可促进脂肪和蛋白质的消化，减少胃肠负担，并具健胃作用。莲藕含有维生素C，可以促进铁的吸收；所含的丹宁酸可消炎、止血。

【营养烹调秘诀】

莲藕的切口极易变色，切好后可以先放在醋水中；氽烫时加入少量醋，可让莲藕保持原色；氽烫时间不宜过久，以免失去清脆的口感。

包心白菜

【主要保健功效】

包心白菜富含维生素C，且热量极低；富含钾，有助于将钠排出体外，降低血压，还有利尿作用，能消除身体浮肿；所含的镁有助于促进钙的吸收，促进心脏及血管健康；非水溶性膳食纤维则可促进肠道蠕动，改善便秘。

【营养烹调秘诀】

包心白菜略带寒性，身体较虚寒者，食用时宜加一些姜丝。因其纤维较长，所以烹饪时可延长烹煮时间使菜煮至软烂，或者事先改刀切段，使其更易消化。

圆白菜

【主要保健功效】

研究发现，圆白菜含有多种生物活性物质，具有一定的抗癌效果，还含有可改善贫血的叶酸。

【营养烹调秘诀】

圆白菜所含的维生素C和吲哚类物质都是水溶性营养成分，氽烫、快炒和炖煮等烹饪方法会导致营养流失，因此生吃或煮汤食用才能较好地吸收圆白菜中的营养。

西蓝花

【主要保健功效】

西蓝花含有维生素A、维生素B_1、维生素B_2及维生素C，其中维生素A及维生素C能避免细胞氧化，延缓身体衰老；维生素C可增强免疫力、美白淡斑；维生素B_1可以缓解疲劳；维生素B_2则可促进消化，改善口舌发炎症状。

【营养烹调秘诀】

西蓝花以氽烫或快炒的方式，最能煮出原始风味，烹调时可加入含有维生素E的烹调用油，除了能增加其抗氧化能力，还能促进其所含维生素A的吸收。因为西蓝花容易生虫，所以在烹调之前应仔细清洗。

洋葱

【主要保健功效】

洋葱含有许多对人体有益的营养成分及矿物质，如维生素C、钙等。维生素C具有抗氧化的功效，还能增强人体免疫力；钙则能维持正常的神经传导功能，稳定精神，并且有预防骨质疏松的作用。

【营养烹调秘诀】

洋葱适合各种烹调方法，尤其是食用高脂肪食物时，最好能搭配些许洋葱，将有助于抵消高脂肪食物引起的血液凝块。此外，生吃洋葱可摄取比较多的维生素C。

韭菜

【主要保健功效】

韭菜中丰富的膳食纤维能促进肠道蠕动，增加粪便的体积及含水量，使其变得柔软而更易排出；韭菜还含有大量叶酸及铁，能维持红细胞的正常功能，可预防贫血。此外，现代医学证实，韭菜含有硫化物，能够抑菌、杀菌。

【营养烹调秘诀】

韭菜多煮熟后食用，因为其纤维较粗，不易咀嚼及消化，可将其切段或剁碎，这样更加适口。韭菜含有维生素A，烹调过程中添加油脂，能促进人体对维生素A的吸收。

葱

【主要保健功效】

葱含有的B族维生素有促进消化、缓解疲劳的功效。葱含有一种硫化物，能抑制胃肠道细菌，增进肝脏解毒功能，并增强人体免疫力；其所含蒜素可促进血液循环、调节血糖，并可缓解疲劳，增强体力。

【营养烹调秘诀】

葱富含维生素C，生食可减少维生素C的流失，但加热可减轻其所含硫化物的难闻气味，吃起来味道更好，因此也可以用短时间加热的方式烹调。在烹调上，一般会将生葱切片或切段之后作为爆香的材料使用。

姜

【主要保健功效】

姜所含的挥发性化合物、姜辣素、维生素C等对人体健康有很大帮助，挥发性物质在人体内可促进胃液分泌，帮助消化；姜辣素能促进血液循环，达到驱寒的效果；丰富的维生素C能提高免疫力。

【营养烹调秘诀】

老姜的纤维较粗，常用来调味或搭配寒性食物，烹调时可用切片或拍碎的方式，让其风味释出；嫩姜口感较佳，也不如老姜辣，因此通常是以切片腌渍的方式或直接切丝的方式入菜。

大蒜

【主要保健功效】

大蒜含有丰富的硫化物，主要是蒜素，其具有杀菌与抗菌的作用，能预防感冒；此外，蒜素可提高维生素B_1的吸收效果，能维持神经及肌肉功能正常，促进消化，并且有促进肝脏代谢、缓解疲劳的作用。

【营养烹调秘诀】

大蒜建议生吃，因为加热会使其有效成分流失，即使要加热，也应缩短烹调时间。想避免蒜素引起的口气问题，可将大蒜与肉类、鱼类、豆类等富含蛋白质的食物一并食用。

肉类

猪肉

【主要保健功效】

猪瘦肉富含维生素B_2，这种维生素是维持神经系统和消化系统正常机能、促进心脏活动的重要生物活性物质。人体缺乏这种维生素，易患脚气病，还易出现食欲不振、消化不良等症状。

【营养烹调秘诀】

不同部位的猪肉，脂肪含量及纤维粗细也各有不同，可依烹调方式选择，如里脊肉的肉质柔软，适合做各种料理；五花肉脂肪含量高，适合炖煮及红烧。猪肉经长时间烹煮，脂肪含量能减少30%，降低胆固醇的摄取。

猪肝

【主要保健功效】

猪肝富含铁、蛋白质、脂肪、维生素A、B族维生素，对贫血、身体虚弱者，以及孕妇或产妇来说，都是极具营养价值的食材，可补肝养血、滋润肌肤。

【营养烹调秘诀】

猪肝是猪体内最重要的解毒器官，烹调猪肝时，必须将其清洗干净并烹煮至全熟才可食用，以避免因生嫩不熟而感染疾病。要去除猪肝的腥味，就先用沸水汆烫，去血水后再进行烹调。

猪蹄

【主要保健功效】

猪蹄的胶原蛋白含量高，可强化骨骼，加强骨骼韧性，预防骨质疏松，还能增进皮肤弹性、滋润肌肤。胶原蛋白还可活化细胞，保护和强化内脏功能，延缓衰老。

【营养烹调秘诀】

猪蹄炸过后再烹调，能逼出多余的油脂，从而减少猪蹄的脂肪含量。猪蹄后蹄部位富含胶原蛋白，可用炖汤的方式烹调，并可添加花生、黄豆，除滋味更鲜美外，更能促进营养吸收。

牛肉

【主要保健功效】

　　牛肉所含丰富的蛋白质、氨基酸，易被人体吸收利用，对生长发育有一定的补益作用；铁、钙及B族维生素含量较多，可预防贫血，增强记忆力，促进新陈代谢，缓解疲劳，补充体力。

【营养烹调秘诀】

　　牛肉的营养易流失，以炒、焖、煎等烹调方式，能保留较多的维生素及矿物质。在解冻时，避免将牛肉放入水中浸泡过久，尤其忌反复解冻、冷冻，这样使牛肉的口感变差。冷冻时，宜用小包装适量分装。

鸡肉

【主要保健功效】

　　鸡肉属于白肉，所含的脂肪以不饱和脂肪酸为主，为优质蛋白质、必需氨基酸与B族维生素的来源，易被人体消化吸收，能安定神经及滋补身体。患有高脂血症或心血管疾病的患者，可选择以鸡肉来取代红肉。

【营养烹调秘诀】

　　鸡肉宜顺纹切，可去掉皮下脂肪及鸡皮，减少脂肪的摄取。烹调时宜用小火慢熬，汤汁会更鲜甜，搭配菇类及蔬菜食用，也能提高其营养价值，美味又健康。

火腿

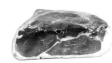

【主要保健功效及食用注意事项】

　　火腿富含蛋白质及矿物质，经过腌制，营养更易被人体吸收利用。但腌熏制品常含有亚硝酸盐类的添加物，不宜经常食用，特别是水肿、心脏病、高血压患者要少吃，产妇或哺乳期妇女也要少吃。

【营养烹调秘诀】

　　为了防止腐败、滋生肉毒杆菌，在火腿加工过程会添加亚硝酸盐，烹饪前要将其清洗干净，避免摄入体内增加致癌的概率。火腿性温，可以和冬瓜一起煮汤，补充营养的同时还能清热退火。火腿和西红柿一起食用则可降低火腿致癌的概率。

香肠

【主要保健功效及食用注意事项】

　　香肠由剩肉、内脏制成，含有蛋白质、脂肪、糖分及钠，由于在制作时会加入盐和亚硝酸盐等添加物，有碍肝肾功能，且有一定的致癌风险，故不宜多吃。

【营养烹调秘诀】

　　烹调香肠时，应避免直接加热，如烧烤、油煎、酥炸等，最好用水煮的方式，以使亚硝酸盐溶解于水中。

海鲜类

虱目鱼

【主要保健功效】

虱目鱼富含维生素B$_2$，可保护皮肤黏膜，促进肌肤、指甲和头发的生长，并提高人体免疫力；所含烟酸有助于消化系统的正常运作，促进血液循环，还能消除宿醉，适合经常喝酒、肌肤干涩和患有虚冷症的人食用。

【营养烹调秘诀】

虱目鱼可以干煎、炭烤、红烧、加豆豉同蒸或油炸，但最好用清蒸的方式烹饪，以减少营养成分的流失。另外，由于虱目鱼的鱼皮含有丰富的胶质，干煎时，不宜放太多油，以免引起油爆。

非洲鲫鱼

【主要保健功效】

非洲鲫鱼含有多不饱和脂肪酸DHA，这是眼睛及大脑正常发育所必需的成分；富含蛋白质，有助于增强体力，其中的胶原蛋白可使肌肤保持光滑；钾含量较高，可调节血压；富含铁，可预防和改善因缺铁引起的贫血。

【营养烹调秘诀】

非洲鲫鱼是人工养殖鱼类，容易感染细菌或寄生虫，故食用前必须彻底洗净。非洲鲫鱼清蒸、干煎、红烧或煮汤都很适合，若担心土腥味太重，可搭配葱、姜一同煮食。

鲳鱼

【主要保健功效】

鲳鱼含有60%的不饱和脂肪酸，可预防动脉硬化、心血管疾病；富含钾，可和钠一起维持体内的电解质平衡，促进机体新陈代谢，调节血压；所含维生素A可减轻眼睛疲劳，维生素B$_1$、维生素B$_2$有助于促进新陈代谢。

【营养烹调秘诀】

鲳鱼本身富含ω-3脂肪酸，所以尽量不要用烧烤及油炸的方式烹饪，否则容易破坏这种脂肪酸。此外，因为鲳鱼卵含有毒素，所以处理鲳鱼时务必将鱼卵去除。

金枪鱼

【主要保健功效】

金枪鱼富含不饱和脂肪酸DHA与EPA，DHA可以抑制脑细胞老化；EPA能够净化血液，减少血栓的形成，预防动脉粥样硬化和脑出血，还能增加好的胆固醇，减少中性脂肪，可预防多种成人疾病。

【营养烹调秘诀】

生鱼片切片后肉质暴露在空气中，容易造成营养流失，因此必须马上吃完。金枪鱼富含铁，烹调或食用时可淋上柠檬汁，柠檬汁所含维生素C可帮助人体吸收铁元素，改善贫血症状。

带鱼

【主要保健功效】

带鱼富含维生素D，可促进钙与维生素A的吸收，预防感冒；所含镁能预防老年失智，改善高血压与高脂血症。带鱼表面的银粉脂肪含量20%～25%，包括多种不饱和脂肪酸，能降血脂、预防动脉粥样硬化和脑血栓。

【营养烹调秘诀】

带鱼的内脏容易有寄生虫，因此，不建议生吃带鱼，以盐烤、干煎、清蒸或红烧较为适宜。此外，因带鱼富含不饱和脂肪酸，应注意尽量不要用油炸方式烹调，以免不饱和脂肪酸流失。

鳕鱼

【主要保健功效】

鳕鱼为深海鱼类，富含EPA及DHA，可预防心脑血管疾病，活化脑细胞；所含牛磺酸可降低胆固醇、抑制癌细胞、改善肝脏功能，并预防衰老。鳕鱼的热量低，但富含各种营养成分，适合瘦身者食用。

【营养烹调秘诀】

鳕鱼切勿反复冷冻、解冻，否则会造成营养流失及鲜度下降。烹调前可将鳕鱼先用沸水汆烫一下，以去除腥味及血水；蒸鱼时，先用大火再转中火，大火可让鱼肉迅速收缩，减少水分流失，并保留鱼肉的鲜味。

鲥仔鱼

【主要保健功效】

鲥仔鱼的脂肪含量低，钙含量却相当丰富，并且含有维生素A、维生素C、钠、磷、钾等营养成分，加上鱼骨极细软，易被人体消化吸收，对人体骨骼发育有益，适合婴幼儿、孕妇及老年人食用。

【营养烹调秘诀】

鲥仔鱼被捕捞上岸后，为了保鲜，常加盐保存，因此烹煮调味时，可以少放一些盐，以避免摄取过多盐分。鲥仔鱼钙含量丰富，与蔬菜一同煮汤，或者与鸡蛋一起烹调，能促进钙的吸收。

青蟹

【主要保健功效】

青蟹富含蛋白质与B族维生素、牛磺酸，可促进新陈代谢、缓解疲劳；所含钙可强健牙齿及骨骼，还参与血液凝固、肌肉收缩及神经传导功能，有松弛神经、稳定情绪、延缓疲劳的效果。

【营养烹调秘诀】

死蟹所含有害物质过多，因此应购买活蟹烹调。其鳃、沙包及内脏中有大量毒素和细菌，烹调前务必去除，蟹肉也当煮熟再吃。吃蟹时，可蘸点加有姜末的醋汁，可驱寒杀菌。

草虾

【 主要保健功效 】

草虾含有维生素A，可维持眼睛结膜与角膜健康、减轻眼睛疲劳，并能预防感冒；所含B族维生素能增强体力、对抗疲劳，加上可抗氧化、降血脂的牛磺酸，能保护心血管系统，防止动脉粥样硬化。

【 营养烹调秘诀 】

泥肠中的物质是虾尚未排泄完的废物，最好去除后再食用。头部、内脏及卵黄的胆固醇含量高，最好也去除。剖虾仁时，除了背部划一刀，腹部也要划一刀，但不要划断，如此虾仁形状会更漂亮。

蛤蜊

【 主要保健功效 】

蛤蜊富含铁，对因缺铁造成的贫血症状有很好的食疗功效；所含牛磺酸对婴儿脑部及眼部发育有益，可抗痉挛及减少焦虑、降低胆固醇、保护心脏血管系统的健康；所含丰富的维生素E，则可延缓细胞老化，预防老年痴呆。

【 营养烹调秘诀 】

蛤蜊容易腐败变质而产生有毒物质，因此烹煮前要仔细挑选并洗净，烹煮时要完全加热，否则可能引起食物中毒。因为蛤蜊本身已具有鲜甜甘美的风味，所以烹煮时不需再加太多的调味料，以免失去原有的风味。

牡蛎

【 主要保健功效 】

牡蛎营养丰富，含蛋白质、脂肪、维生素A、维生素E、B族维生素、钙、镁、锌、铜、铁与牛磺酸，可提高身体免疫力、促进视力健康、帮助肝脏排毒，还可促进哺乳期妇女乳汁分泌。牡蛎还含有多种与生殖系统发育相关的矿物质，适合生长发育期、身体虚弱者及男性食用。

【 食用注意事项 】

生食牡蛎时，一定要洗净，以避免细菌感染。牡蛎属于嘌呤含量较高的食物，会增加血中尿酸浓度，痛风与尿酸过高的患者不宜多吃。

鲍鱼

【 主要保健功效 】

鲍鱼含钙，有利于骨骼发育；鲍鱼含有丰富的铁，能有效改善贫血症状。此外，鲍鱼中含有"鲍素"，有一定的抗癌功效。

【 营养烹调秘诀 】

鲍鱼洗净后，放入沸水中烫煮2分钟，不可烫太久，否则肉太老不好吃，捞起放入凉开水中浸冷即可。鲍鱼壳又名石决明，是一种中药材，烹调鲍鱼可带壳，再加入枸杞子，食之对视神经及脑神经有保护作用。

墨鱼

【主要保健功效】

墨鱼富含EPA、DHA及维生素E和牛磺酸，能减少血管壁内沉积的胆固醇，具有延缓衰老、强化肝脏功能、保护视力、预防阿尔茨海默病等功效，很适合中老年人食用。

【营养烹调秘诀】

墨鱼可以烫熟后蘸五味酱食用，或者以凉拌的方式处理，这样可充分发挥墨鱼低热量的特色。春天是墨鱼的产卵季节，这时的墨鱼最好吃。

鱿鱼

【主要保健功效】

鱿鱼富含DHA、EPA和牛磺酸，可减少血管壁上胆固醇的沉积；所含钙有助于维持牙齿和骨骼的健康，维生素B_6、维生素B_{12}可以改善因缺乏维生素B_6、维生素B_{12}所造成的贫血症状，适合骨质疏松或贫血者食用。

【营养烹调秘诀】

生鱿鱼含有多肽，会影响胃肠的蠕动，最好煮熟再食用，以免造成消化不良。鱿鱼中的钠含量很高，因此尽量以清淡的方式烹调，不要加入过量的调味品，以免使血压上升。

海带

【主要保健功效】

海带含维生素A、烟酸、碘、钙、铁。维生素A可保护眼睛、减少呼吸道感染；烟酸可维持消化系统的正常功能，改善疲倦及食欲不振的现象；碘为合成甲状腺激素的重要原料，摄取足够的碘可防治甲状腺肿大。

【营养烹调秘诀】

在烹调前，应将海带以清水洗净，并以沸水汆烫，可去除杂质及过多的钠。建议将海带与钾含量较高的食材，如蔬菜一同入菜，可促进体内过多的钠排出，避免浮肿。

豆蛋类

豆腐

【主要保健功效】

豆腐含有人体无法合成的必需氨基酸；所含植物固醇具有降低胆固醇的作用；豆腐中的大豆低聚糖可活化胃肠，促进消化吸收；所含大豆异黄酮可有效预防乳腺癌、大肠癌等。

【营养烹调秘诀】

豆腐易消化吸收，且富含钙质，可搭配鱼、贝类或蘑菇食用，以提高钙质的吸收率。另外，也可搭配牛肉、乳酪来弥补豆腐制作过程中流失的色氨酸。以油炸方式烹调豆腐，会破坏豆腐的营养，还会使豆腐吸附过多的油脂。

豆干

【主要保健功效】

豆干是由黄豆制成的，含有均衡的植物性蛋白质，以及维生素B$_1$、维生素B$_2$、维生素B$_{12}$、钙、磷、铁、钾、钠、胡萝卜素等营养成分。豆干有软化血管、泻火解毒的功效，适当食用可以促进血液循环、软化血管。

【营养烹调秘诀】

豆干所含的植物性蛋白质可搭配肉类蛋白质，以此来提高营养价值，获取更均衡的营养。烹调豆干前，应注意其是否有酸味。豆干可用煎、炒、炸、卤的方式烹调，都别具风味，但不适宜煮汤。

鸡蛋

【主要保健功效】

鸡蛋含有人体所需的氨基酸、DHA、钙、铁、维生素A、维生素B$_1$、维生素B$_2$、维生素D、维生素E，均衡丰富的营养能维护神经系统、增强记忆力、维持体力与促进新陈代谢。此外，鸡蛋所含的卵磷脂可帮助大脑及中枢神经的发育，活化脑细胞及降低胆固醇。

【营养烹调秘诀】

生蛋清含有抗生物素蛋白，会妨碍身体对生物素的吸收，因此鸡蛋应煮熟再食用。鸡蛋营养丰富，要想全面摄取鸡蛋中的营养成分，就应以水煮、蒸制的方式烹调鸡蛋。

咸蛋

【主要保健功效】

咸蛋的蛋壳含有丰富的钙，长时间浸泡盐水后，大量的有机钙会渗入蛋白和蛋黄中。经过分析，咸蛋里的钙含量约为新鲜鸡蛋的3倍，适量食用咸蛋，可以预防骨质疏松。

【营养烹调秘诀】

咸蛋的钠含量高，而钠的主要作用在于平衡体内的水分与酸碱度，当钠摄取过多时，身体便会保留水分来维持平衡，这容易加重肾脏负担，引起浮肿，并增加心脏负担，故高血压患者不宜食用。食用咸蛋应该搭配清淡的食材，并且减少盐的添加。

皮蛋

【主要保健功效】

皮蛋富含铁、蛋白质、胆固醇、多种氨基酸与维生素A、B族维生素、维生素E。其中的铁有助于预防及治疗因缺铁而引起的贫血，并可促进发育。

【营养烹调秘诀】

皮蛋中缺少维生素C，和西红柿一起食用，可以均衡营养，皮蛋有消暑止渴、改善小便色黄的功效。醉酒时，取1~2个皮蛋蘸醋吃，有醒酒的功效。另外，皮蛋加豆腐一起食用，也有辅助治疗口腔溃疡的作用。